做你
喜欢的事
不要理会
其他

博文 ◎ 著

ZUO NI XIHUAN DE SHI BUYAO LIHUI QITA

民主与建设出版社

·北京·

图书在版编目(CIP)数据

做你喜欢的事，不要理会其他 / 博文著. —— 北京：民主与建设出版社, 2016.8（2024.6 重印）

ISBN 978-7-5139-1248-8

Ⅰ.①做… Ⅱ.①博… Ⅲ.①成功心理－通俗读物 Ⅳ.①B848.4-49

中国版本图书馆CIP数据核字(2016)第204463号

做你喜欢的事，不要理会其他
ZUO NI XIHUAN DE SHI，BUYAO LIHUI QITA

著　　者	博　文
责任编辑	刘树民
装帧设计	李俏丹
出版发行	民主与建设出版社有限责任公司
电　　话	（010）59417747　59419778
社　　址	北京市海淀区西三环中路10号望海楼E座7层
邮　　编	100142
印　　刷	永清县晔盛亚胶印有限公司
版　　次	2017年1月第1版
印　　次	2024年6月第2次印刷
开　　本	880mm×1230mm　1/32
印　　张	8.5
字　　数	180千字
书　　号	ISBN 978-7-5139-1248-8
定　　价	58.00 元

注：如有印、装质量问题，请与出版社联系。

目 录
CONTENTS

parts 1

唯有努力，才能预见我们的未来

parts 2

你若松手，成功便会撒手

parts 3

拼命努力，成为更好的自己

parts
4

人生航行，需要梦想的桅杆

parts 5

青春，就要不停地奔跑

parts 6

不适合自己的，就勇敢放下

唯有努力，才能预见我们的未来

我们都无法凌驾于道德之上，

对任何人进行批评，

而唯一能做的，

我想只是，

最简单的不停努力。

唯有努力，才能预见我们的未来

我曾经有个梦想，就是希望能拥有预知未来的能力。后来发现，这真的成了一个梦想，梦想就是永远不可能实现的理想。再后来，我发现所有人都在用"要是"、"如果"等假设词汇去描述一段让他们后悔不已的经历，诸如：要是当初知道是这样，我一定不会嫁给他；如果我知道现在是这样的结果，我一定不会选择这份工作……

人生奇妙与精彩之处，大概就是我们对下一秒的未知，而我们未能拥有将时光倒流的能力。可我们却能拥有坚持到底的毅力，只要你愿意！初识这位美好的女人，不过是个偶然事件。用美好一词，只因我并不喜欢用诸如闭月羞花之类的词去形容我喜欢的女人，只因我矫情的以为所有的美貌终将散去，而美好到可以温暖自己顺带温暖别人的女人才是最后的 Queen。

她喜欢和各种人分享她的生活，从点点滴滴的图片到娓娓道来的故事，她总是不急不慢、不慌不忙地记录着她的人生。我喜欢极了这样的叙述方式，就像是在和一位故友聊天，我翻遍她所有的说说、文章和图片，无一不带着幸福的光环。我曾经自顾自地认为，她应该是个从小到现在都受生活眷顾的人吧？所以才能这般阳光。以至于后来，当我知道她是位单身妈妈的时候，更是欣赏她的豁达、努力与乐观。

她曾在一无所有的时候，不知所措地问他："你还要不要我？"她得到一个肯定的答复；她曾在他失业的时候，冲进她领导的办公室，不知道哪里来的勇气，她请求领导给他一个职位，她说："我男朋友失业了，能不能给他一个机会来我们单位？"那时，她也不过是个初入职场的菜鸟；后来，他们结婚了，再后来，他们有了一个可爱的女儿，然后，他们去法国补过了他们的蜜月。如果是童话故事，也许可以画上个句号，从此，王子和公主过上了幸福生活，只可惜，人生总是充满定数，不能预见。

蜜月归来，老公的情人找她摊牌，原来甜蜜的爱情早在她孕育着小生命的时候就结束了。是的，她不得不承认，她在孕期遭遇了丈夫出轨。骄傲如她，自然容不得这样的行为，幸好，因为她的努力，工作上，她已经是个骨干；幸好，因为她的善良，生活里，她仍有朋友无数。当这一切来得措手不及之时，她没有多余的时间去歇斯底里的寻找理由，唯有努力地让自己活成了独行侠。

她同时扮演着母亲和父亲的角色，定期给女儿拍照，写了四本关于女儿成长的手工游记；她找律师与丈夫办理离婚手续，全程毫无拖泥带水，但我想，她一定度过了一段特别难熬的时光；当初，她努力拯救失业的丈夫，他们成为了同事，可即便此刻，丈夫与另一个女同事有了婚外情，她还是牺牲了自己，辞职、创业。她是一位有着诗人情怀的女人，是我喜欢的性情中人，而由她，让我不得不认真地思考了下我们的未来。

好友们相聚，总会说起父辈们的婚姻，并非真有爱，可依然能过好一生，而我们一直在追寻真爱，可最终也未必能白首不相离。感慨之余，我们不得不承认，在这个物欲横流的社会里，诱惑太多而我们又不够坚定，于是，爱情和道德常常在战斗，而很多人都输给了道德。我们都无法凌驾于道德之上，对任何人进行批评，而唯一能做的，我想只是，最简单的不停努力。

你还记不记得当初的梦想？儿时我想当外交官，长大后选择了个相悖的专业，后来的人生轨道也并非在自己的掌控之中，可唯一值得庆幸的是，我还不至于沦为家庭主妇，一心只为夫君；我还不至于沦为不修边幅的妈咪，一心只为子女；我还不至于沦为生活的奴隶，一心只为金钱。

回想这么多年来，一起看过很多风景的闺蜜，我还都能记得你们当初的理想，我还依稀记得我们谈未来时候，你们曾经年轻与稚嫩的面庞，虽然那时候的我们，写满了青涩，可依然有勇气谈我们想要的生活。但如今，我却常常会庸人自扰，只愿如今做了家庭主妇的你，如愿以偿的得到丈夫的尊重、理解与支持，即使有一天，你也拥有岁月留下的皱纹，和时间留下的下垂的胸部，他依然记得感恩，他仍然懂得去欣赏这些不美好却珍贵的变化。

生命里随处可见的便是暗藏的变故，我常常后怕，若是将她换成任何一个在婚后已经放弃自己的女人，可能离婚便成了致命的打击。我只愿你，能好好地将如今幸福的生活想象成一次一无所有的变故，你将失去你的挚爱，你的至亲，你的工作……你是否真能有勇气面对这样的生活？我想她无疑还是幸福的，她未曾因为爱将那个男人变成了她唯一的所有，她坚持着自己的爱好，她拥有着自己的朋友，她最大的财富就是继续活下去的勇气。

走过的路越长，遇见的人越多，我便开始深知命运的未知与不公。我们生来就不是平等的，就如同我们生来就不能预见我们的人生，而唯一可以做的，就是永远记得上扬你微笑的嘴角，无论生活给予你多大的变故，你仍然有勇气，有力量将你的人生继续。人生最怕被丢弃的是自己，人生最不能预见的还有因为努力，命运带给你的机遇和运气。

想要优秀，那就做自己喜欢并擅长的事

我有一个朋友，是位非常著名的律师。之所以当律师，只因为这是一个非常受人尊敬的职业，同时收入也非常高。他做了许多年，感觉越做越累，身心疲惫，就想不干了。但他们住的大房子房贷还没还清，家里还有要上大学的孩子，于是有很多犹豫和纠结。因为不干意味着全家要从一个高档、舒适的别墅搬出来，从此要精打细算过日子，还意味着家庭收入不稳定，意味着孩子要自己打工赚学费……

对他来说，辞职让未来充满了极大的不确定性，但他真是干够了，干烦了，想离开了。

当他把想法告诉太太后，她非常恐慌，坚决反对。孩子听了也很不高兴，问他，你难道就不能再坚持几年吗？

他对家人说，我可以不辞职，但你们会每天跟一个疲惫不堪、很不开心的人在一起。

爱人和孩子在无奈中接受了他的选择。他最终选择离职去当作家。房子比以前小了很多，收入比以前少了很多，生活比以前也简单了很多，但是，他去医院的次数少了很多，脾气好了很多，

内心比以前充实、快乐了很多。

他失去的都是别人看得到的，但得到的都是别人看不到的。日子过得好不好，内心是不是充实和满足，只有自己知道，对他而言，真正属于自己的生命开始了。

又比如我。我出生在一个医学世家，和许多中国式父母一样，我的父母对优秀的定义是：考个好大学，然后读硕士、读博士，做博士后，有一份不论世事怎样变化，都不会影响收入的工作。所以，医生是他们眼中的最好选择。

17岁的我，不知如何为自己选择未来，就随了父母的愿，学了医科。在医学领域的求学、行医和研究，一待就是20年。一路走来，一直有逆水行舟之感。除了辛苦就是疲惫。

从小，老师家长教育我的是"学海无涯苦做舟""吃得苦中苦，方为人上人"。可我心底常常有个声音：不能这样过一辈子。能不能把业余时间喜欢做的事情变成一种职业？什么是我喜欢做的事？就是倒贴钱、倒贴时间、倒贴精力都愿意做的事。

我业余时间最爱干的事就是看心理学方面的书，帮人家解决各种关系和情绪问题。于是，顶着家人的强烈反对和抗议，顶着朋友们的嘲笑和各种不看好，冒着日后找不到工作的危险，我借了一大笔钱，在38岁那年，从零开始进入心理学领域。

一进学校开始学习，我就感到无比快乐。我就发现"学海无涯苦做舟"的说法太坑人了——苦是因为你学着自己不想学的东西。当你学习自己想学的东西时，感觉应该是如饥似渴。

还有，"吃得苦中苦，方为人上人"的说法，也根本不靠谱。如果你把既定的目标当作人生的全部，要拿功名利禄与人攀比，自然会苦，因为有太多的不甘不愿，有悖初心。

苦，从来不是因为身体累，而是违背了心愿。做自己不喜欢、不擅长的事情，不苦才怪。

转行至今已近16年，我感受到的是从心而发的充实，每天都有新的发现和喜悦。

当一个人做一件自己喜欢和擅长的事时，就会做好，做好了就会成为优秀人才，甚至稀缺人才。最关键的是，每天都会感到充实和快乐。生命不再是拼命赶到一个山顶，又匆匆忙忙进攻下一个山顶，而是会变成一路风景，每段风景都有各自的美妙。

把爱好玩到极致就是天才

什么是有才华的人？一个闺蜜的男朋友是我们公认的有才华的人。他的才华不在别处，就在给自己的女朋友做发卡。已经做了两百多个，精致程度令人咂舌。

同学小 M 带女朋友跟我们一起聚餐，我们趁同学去卫生间时，问女孩喜欢他什么。女孩儿说，他是一个很有才华的人。同学这么多年，还真没有把小 M 和才华挂上钩。但是女孩很认真地说，他画漫画可好了，他跳街舞很帅，他的饶舌也不错，他是天才。

上大学的时候，校园里流传一个故事：一个学长去某公司面试，最后一轮是董事长亲自面试。学长自我介绍的时候说自己喜欢玩魔方，董事长从抽屉里拿出来一个魔方给他，他用了十几秒把魔方还原。董事长又把魔方打乱，学长观察了一分钟，然后闭着眼睛一分钟以内就还原了。董事长站起来接过他手里的魔方："你是个天才，随时欢迎你来。"

学长为面试准备的其他材料都没有用上，在那个董事长的眼里，把爱好玩到极致也是天才，玩魔方也是一种才华。不一定用在实用的地方，才能被称为"才华"。当爱好遇到坚持，就是才华。

知乎上有一个问题：有一个有才华的恋人是怎样一种体验？点赞数最高的是，男朋友喜欢画小漫画和写文章。赞数第二多的答案是，老婆喜欢做饭。大家眼中有才华的恋人，评判标准很简单：喜欢做饭，或者会写好玩的游记图文，或者是问为什么他从来不说不知道，或者是看一遍菜谱马上就能做出一模一样的。这些喜欢做的事情，若成为生活中的一部分，在别人眼中就会和才华关联起来。

在多元化发展的今天，一个人拥有让人欣赏和记住的才华，已经不是过去的标准，不一定是学富五车，也不是出口成章，或者琴棋书画样样精通。才华可以是某个领域独树一帜，也可以是疲惫生活中保留爱好，带着热情，把自己喜欢做的事情坚持下去。一直把爱好坚持下去的人都特别有魅力。

还记得那个火遍全球的、爱收拾房间的女孩吗？她就因为特别会做家务，成就了自己的事业。一个有着非传统才华的人，往往会有一种向上的力量，这种力量本身就是一种吸引力。如果一个人把自己喜欢的事情，持续用心地做下去，数年之后，那些没有被现实的琐碎打败的爱好，沉淀之后，就是才华。也许你不需要用才华去谋生，但这却是不可替代的财富，足以支撑你度过最虚无的时光。

爱因斯坦说，只要你有一件合理的事去做，你的生活就会显得特别美好。生活中一点点的热情与积极，都会成为战胜茫然的最有力武器，它可以让我们保持向上的心态去迎接生命的每一次挑战，在我们快乐和失望的时候提供一个宣泄口。如果你还没有发现自己的天赋，那你肯定有爱好。保持对爱好的热情一直坚持下去，你会发现，这同样会成为你的骄傲。

这样想来，身边的小伙伴们都有各自的过人之处，也配得上"才华"二字。我想，你也是。

即使是小角色，也得拼了命去演

晚上八点多的时候还在办公室，一个朋友给我发微信聊天，我说等会儿啊，我正在忙。她很惊讶地说，你怎么还在工作？不过是个小编辑，赚的钱又不会比大明星还多。那么拼命干吗？

突然想起来，我还真认识个不算大明星的演员，真说起拼命，她可比我拼命多了。

我们在一次饭局上认识，她是那种能够在人群中被人一眼看到的女孩，个子高，身材好，漂亮，不仅是那种五官精致的漂亮，是那种一看就特别有气场的漂亮。后来我才知道她叫思漩，是个演员，我很尴尬地问她演过什么，她说了几个名字，我都不知道，更加尴尬。她有些调皮地说，没事，本来就是小明星，你不认识正常。

她说她六岁开始学跳舞，九岁时就来北京独自求学。思漩说，我刚进学校的时候，还是班长呢！不过，才一天就被撤职了。因为第一天上课早，别的同学都在操场上集合了，我还在宿舍没出来，我不会自己穿衣服，鞋子也穿反了。说完，她哈哈笑起来。我却莫名有些心酸。

十三岁时，思漩毕业了，成了一名文艺兵，过着每天跳舞的日子，她表现很好，十五岁时，就升到了排长，是整个部队里年纪最小的排长。如果她没有从文工团离开，国家会给她分房子，待遇很好，工作也稳定，但思漩感觉自己并没有那么喜欢跳舞，她想出来考学。

17 岁的时候，她机缘巧合认识了一位台湾的制片人。制片人跟她说，你条件挺好的，签我们公司吧。思漩没多想，就签了，离开了文工团，成了一个演员。

我们总以为，进入娱乐圈，光鲜和财富都会来得比普通人容易。思漩却说，其实娱乐圈比外面竞争更复杂，很多人拍了一辈子戏都只是个跑龙套的，还有很多人走到一半就走不下去了，真正能大红大紫的，也只有你能看到的那么几个人。思漩路子走得并不顺畅，拍了很多戏，参加过很多比赛，东方卫视的湖南卫视的，拿过不错的名次，却一直没有被人记住。

那你想过退出吗？思漩摇了摇头：我妈也劝我，要不算了，娱乐圈太苦了。但我舍不得放弃，我喜欢演戏，我总想，也许我以后还有机会。

这次见面之后，我们很长时间都没联系，直到 2012 年，思漩告诉我：我签英皇了。我都打算去美国念书了，出发前三天，见到英皇有部电影招新人，就寄去了录像带，参加了面试。在美国念了一个半月的时候，又接到英皇的电话，说要签我。我连合同都没看，也没见老板，就签了。

我说，你这也太草率了吧？她说，这是我最后一次机会了，我一定要抓住这个机会不再错过。

后来，我写了篇题为《从小到大长得不好看是种怎样的体验》的文章，被很多人转载。我收到了思漩的微信，她很严肃地教训了我一番说，女孩子不管日子过得怎么样，都得对自己有信心，不可以说自己丑，也不可以说自己不行，如果比不上别人，就咬牙把自己变得更好。

去年五月，看到她的消息，因为电影《一个人的武林》获得了华鼎奖的最佳新人。我发短信恭喜她，她回复说：我上台领奖的时候，特别想说一段话，谢谢给我这个奖，我努力了整整十一年，总算没有白费。我问她为什么没有说，她笑，因为公司说是新人奖啊，干吗要提十一年。

这段时间经常加班，一个人深夜下班走出办公室，也会有压力大到爆棚，想要拍桌子走人的时候。每次感觉快撑不下去了，总会想起思漩，这个高挑、漂亮、笑起来很爽朗的姑娘。

很多时候我都认为，大多数人的迷茫，都只是害怕付出之后得不到自己想要的结果。但我们唯一能做的，就是付出最大的努力，给自己一个机会，去证明当初我们要做的那件事，是对的。

人生的蜕变很不容易

两年前，我和好友S去参加一个电影发布会。坐在观众席前排的时候，台上有一个姑娘一直盯着S笑。

她只是一个配角，就是那种长长的名单里要滚动很久才会有她的名字。全程，她和所有配角一样也没有什么说话的机会，主持人介绍到他们的时候，几乎是还没等观众的掌声响起落下就结束了。在横成一排的演职人员里，她站在最角落的位置，是最不起眼的人。

她对S笑的时候，S说，她也并没有在意那么多，似乎以为是演员的职业性，站在台上就自成表演地微笑，这从开始到谢幕。发布会结束，那些成了明星的演员早已被记者团团围住，不留缝隙地把其他人挤下了台。而她与其他人一起笑着走下台。她在门口的时候拦住了S：你好，还记得我吗？

S近距离地看她，才认出她。粉妆之下，我也记起了那一年她的容貌，好像比现在要清澈一些，也朴素一些。

七八年前，我和S去剧组玩，当时在拍一部电影，名字我不记得了，至少最后没有在我的城市上映。那一天正好召开见面会，台上的主角、配角站成一排，所有的演员享受着镁光灯，所有的影迷也享受着这一场近距离的面对面。台上许多人，其实是叫不出名字的，但你也知道有一种假性的疯狂叫做与明星拍照。而记者所有的相片都对向了舞台。

那一年的她还是个二十岁左右的姑娘，她安静地坐在台下，周围围着一群摄像大叔，熙熙攘攘，把她埋了进去。可她一直对着台上笑，其实，根本没有人注意到她。在每一个主角或是配角名字出现的时候，她又礼节地拍手。你知道什么叫不卑不亢吗？就是当你发现所有人都不在意你的时候，你依然用自己想象中最美的样子回应。

S说：我要和她拍照。S举起相机扔向我，她当时很意外，往旁边一挪，给S腾出半张椅子，她们使劲地凑在一起，我记得当时她是挽着S的，或许在许多人眼中，她们都只是路人而已。

她们跳着抱在一起。在大厅之外，听着她寒暄着许多事，我知道她每年要辗转10多部影片，前些年拿着并不高的收入，住最简陋的房间，有时累到洗衣服的时候睡在洗手间里。最长的记录是5天只睡了12个小时。有时为了捕捉一个镜头，不得不整宿不睡。她说：有时也会觉得很累很辛苦，不过，所有的工作都不可能有一蹴而就的成功，大多数人的成功都是需要一天天慢慢努力，慢慢熬的。

S后来与她留下了联系方式，S说：她现在慢慢有了更多的机会，名字出现的机会也比从前多，我一点都不意外。我时常看到她在凌晨两三点更新朋友圈，看到她不停地辗转在不同的城市，觉得那么努力的她，配得上现在的一切。其实，我永远记得她坐在台下为别人鼓掌的样子，也记得她站在台上又笑得灿烂的样子，这一步之遥，她走得足够努力，才跨过去的。

其实，人生多少如一场剧，所有高潮迭起之后，好像比从前有更完美的故事可以继续。而我们每个人的生长轨迹都是不同的，无论放在哪一种环境，你都会发现，自己在成长的路上，从来没有那么笑意盈盈过，而那些曾经让你委屈和心酸的事，最后都变成了华丽转身的序幕。

我很喜欢的一部剧里面有一个姑娘P，刚进单位的时候，在别人眼里，几乎是青涩而无用的，然而她很快地从一个初出茅庐的小丫头成长为了初级文案师，后来又有了自己的独立办公室，有了自己的秘书。你可以认为她的成功具有偶然性，比如因为P正好要减肥，所以试用了要推出的减肥产品，而使其重新定位；又比如后来他的上司因为生病，由P临时扛下任务，P出色地给予了创意，也因此又获得了一次升职的机会。

但你也可以看到，这个姑娘的成长史，似乎也没有时间给予她的一切看起来那么容易。她入职的时候，在陌生的环境里，没有人给予最初始的温暖，取而代之的是，所有人都在看她的笑话——这个可有可无的新人，这个一无是处的新人。工作中也有致命的打击，当所有的一切一股脑儿扑面而来，她就像一个迷路的孩子，前路漫漫，视野不明，于是，不得不靠着自己尚存的对工作的念想，一边爬一边走，直到慢慢看到亮光。总觉得P身上有着一种最淳朴的狠劲，而这股子狠是一种不妥协于周遭带来的一切，心甘情愿地与它们慢慢走下去的决心。

前些日子，我的好友群一直在讨论一个问题，碰上自己不喜欢的工作，又遇到自己不喜欢的人怎么办？那阵子，无非是其中的一个姑娘遇上了人生的瓶颈——与一个同事有了矛盾，于是在有限的空间里成了形同陌路的人。这自然是最尴尬的，所有抬头不见低头见，是躲也躲不过去的。这也直接导致她开始厌恶当下的工作。

当时，我想到的是工作的第一年，一个老领导与我说的话，他的大意是：七平八稳的样子，是不可能成长的，你永远要记得，只有走过足够多的路，见过足够多的人，做过足够多的事，才会真正长大。

后来，我慢慢感觉到，成长从来不是一件容易的事。

我那个时候在农村工作，印象最深刻的两件事：第一件事是在一个下雪天与单位同事去田间做测量，我蹬着高跟鞋，翻不过大片大片的斗丘。那时雪一直下，我又翻不过，于是不得不扔下伞，爬过去。那一天，是我人生中最脏乱的一天，而那双湿了的袜子一直凉到我的心里。从那件事之后，每一次下基层我都没有再穿过高跟鞋。

第二件事是我刚工作的时候，因为一个表格的数据错误，不得不来回开 20 多公里路，重新敲一个印章。但我记得那一天，领导面对我失望的表情，因为这是一件最简单的工作，可我却错得离谱，用他的话说：感觉不如一个初中生。当时，我一个人在车里大哭，年轻的时候，对许多事会敏感，比如对他人的评价，比如战战兢兢地面对新的工作，生怕出错可真的出错了，又比如被否定。可又没办法，于是一边哭，一边回单位改资料。而从那以后，我保持着一个习惯，就是每一次都反复校对，在有限的能力内保证正确。

我时常觉得，许多时候，生活就是一场跋山涉水的旅行，你慢慢地，就会遇到许多从未遇见的人，碰到从未遇到的事，你手足无措，甚至垂足顿胸，可你知道，是一定要走过去的。待走过这一段，你也会慢慢开始摸索出一条条道路，而这些路只是属于你自己的，是别人走也走不了，学也学不了的路。

当你年轻时，以为什么都有答案；可是老了的时候，你可能又觉得其实人生从来没有所谓的标准答案。没有谁的成长是容易的，人生所有的答案其实都在路上。

而你在多年之后，再回忆过去的自己，才会知道，如今的你就是过去的一场蜕变，而这一切真的是好不容易。

不为别人而活，这才是成功的人生

不要让任何人的意见淹没了你内在的心声，乔布斯就是这样做自己，把自己的命运牢牢地抓在自己的手中。

2001 年 10 月 23 日，整个美国还没有从 9·11 事件的阴影中走出来，而乔布斯没有受这种主流情绪的影响，他的行动征服了世界，向世人宣布了他的与众不同，向世界展示了苹果公司的新产品——IPod 音乐播放器。

IPod 有一个光亮、鲜明、炫目的白色机身，可以连续播放 10 小时，存储 1000 首歌曲，是当时市场上第一款硬盘式音乐播放器。乔布斯对着人群大声说："使用 IPod 欣赏音乐难道不是很'酷'吗？使用它，你再也不必每天都听同样的歌曲了。"

事实证明，乔布斯的 IPod 成为让苹果公司全面翻身的一支奇兵。2004 年 IPod 的全球销售额突破 45 亿美元，到 2005 年下半年，苹果公司已销售 2200 多万台 IPod 数字音乐播放器。乔布斯就是这么与众不同，没有什么思想，没有什么人可以束缚住他。

请不要活在别人的目标里，更不要活在别人的方法里。乔布斯在斯坦福大学对即将毕业的大学生们进行演讲时说：复制别人的产品其实就是一种被领导。社会上的跟风就是如此。别人采取的某种方法成功了，那我就学来，也一成不变的利用上，总是走别人走的路。其实在我们的生活中，有大多数的人都是活在别人的空间里，他们很少去想想自己在生活中是一个什么样的角色，而是把所有的精力用来想在别人眼里是怎么样子的。他们的眼里总认为，别人的东西永远都是比自己好的，别人永远活得比自己精彩。他们的思想里根本就分不清楚什么才是自己该做的，什么才是自己该去想的。

在一次演讲的时候，乔布斯对操场上挤得满满的毕业生、校友和家长们说："你的时间有限，所以最好别把它浪费在模仿别人这种事上。"

辍学是他的选择，他学会了创新，但是其他辍学的人不一定能成功，并不是：我如果辍学了我就是第二个乔布斯。这个模式并不一定适合每个人，它只是乔布斯的，所以我们需要找到适合自己的生活、适合自己的事业。

乔布斯的成功对我们的意义也是如此，不要让任何信条变成你行动的指南、思想的束缚。你应该有自己的信仰，只有你自己的目标可以告诉你做什么，只有你自己的价值观可以告诉你怎么做。

有这样一个有趣的故事，似乎也说明了人们为什么需要与众不同。

传说上帝最开始的时候创造了 3 个人。

他问第一个人："到了人世间你准备怎样度过自己的一生？"

第一个人回答说："我要用我的生命尽可能地去创造。"

上帝又问第二个人："到了人世间，你准备怎样度过你的一生？"

第二个人回答说："我要在我的生命中不停地享受。"

上帝再问第三个人："那你呢？准备怎样度过一生？"

第三个人说："我既要创造人生又要享受人生。"

上帝给第一个人打了 50 分，给第二个人打了 50 分，给第三个人打了 100 分，他认为第三个人才是最完美的人，他甚至决定多生产一些"第三个"这样的人。

这 3 个人到人世间后，就像他们所说的那样度过自己的人生。

第一个人来到人世间，表现出了不平常的奉献感和拯救感。他为许许多多的人做出了贡献。他为真理而奋斗，屡遭误解也毫无怨言，渐渐成了德高望重的人。他的善行被人们广为传颂，他的名字被人们默默敬仰，他离开人间，所有的人都依依不舍。到了很久很久以后，人们依然还记得他的事迹。

第二个人在他的人间旅途中，表现出了不平常的占有欲和破坏。为了达到目的他不择手段，甚至无恶不作。后来，他拥有了无数的财富，生活奢华。再后来，他因作恶太多而得到了应有的惩罚，正义之剑把他驱逐出人间，他得到的是人们的痛恨和鄙弃。

而第三个人，在人世间平平淡淡地过完了自己的一生。他建立了自己的家庭，过着忙碌而充实的生活。他离开人世的时候，就像当初悄悄地来一样，似乎没留下任何的痕迹。

用乔布斯的观点解释：人要为自己而活，不是为上帝而活。是的，人不为上帝而活，更不为别人而活。我们的成功是我们亲手创造的，别人的路不一定是适合我们自己的，不要崇拜任何人。你是上帝的原创，不是任何人的复制品，因此你的生活也不能成为别人生活的附属品。

"你的时间有限，所以不要为别人而活，不要被教条所限，不要活在别人的观念里，不要让别人的意见左右自己内心的声音。最重要的是，勇敢地去追随自己的心灵和直觉，只有自己的心灵和直觉才知道你自己的真实想法，其他一切都是次要。"

在你有限的时间里，活出自己的人生，这才是成功的人生。别人的成功你可以借鉴，可以学习，但不可以当成人生的全部，我们要努力追求真实的自己。

无论如何，别低下你的头

你望着我的时候眼泪汪汪，活脱脱一只晶莹剔透的小荔枝。你说你喜欢上一个男孩子，可是他喜欢的类型偏偏和你有差距。你不是可爱蘑菇头，说话也没有嗲声嗲气的台湾腔，你平素最讨厌那样的女生，可是偏偏他喜欢。你纠结又烦恼，犹豫要不要把自己改造成那副模样。最要命的是，他打算选理科，而你心里热爱文史哲，放不下文科梦。

小姨说你是感情受挫，心里憋屈，哭哭就好。"小孩儿嘛。"我的小姨总是这么一针见血，转身又去厨房看她炖的莲藕小排汤，"顾影一定留下来吃饭啊。"

可我还是看得出小姨眼里极力掩藏的担忧和心疼，自然也明白我今天的任务所在，莲藕小排不是白吃的啊。

我看着你，夏天的窗外总是满树蝉鸣，这种聒噪生物的叫声，总能把回忆拉得好长。"小荔枝你停一停。"我伸手给你擦了擦眼泪，"听我讲个故事吧。"

我从小到大就是叱咤风云的校园人物，全校过半的老师都认识我。我的作文拿到各个班级去当范文念。大小竞赛，我的名字总在喜报上。我极其骄矜，自然也相当自傲。

这么骄傲的我，十六岁的时候，却好巧不巧地喜欢上了前桌的男生。我不记得他有什么好。可我就是喜欢上他了。

于是之后的日子里开始了漫长的暗恋心路历程，我平静十六年的心不得安宁。我没有想到，他居然会有那么一天站在我面前，问我："要不然在一起试试看吧。"这样的好运气，真是比猜对物理不定项选择题还要令我激动。

你不哭了，眼里写满好奇。小女生的那点八卦本质暴露无遗，"后来呢后来呢？你们在一起了？"我笑起来，点点头又摇摇头。

"并不是你以为的那个样子的。"故事的开头大抵都是相似的，我们遇到一个人，忽然就愿意放下自己珍视十几年的骄矜，我变得不像我了。

一起回家的时候他说要去打篮球，我抱着他的外套在操场上巴巴等上几个小时；一起去图书馆里他偶遇初中班花，两个人谈笑风生从《小王子》聊到博尔赫斯，我盯着我的帆布鞋保持沉默；渐渐很多事情都变得很奇怪，我变成了《伊索寓言》里那只因为神赐的一轮月亮而开始患得患失的兔子。

我把他喜欢的不喜欢的都列下来，我忍痛剪去了长发，及耳短发的我穿着格子衬衣，安安静静地坐在窗边写最讨厌的物理试卷，只为了等他一个赞许的眼神。

成绩直线下降，排名掉出年级五十的时候，闺蜜把我拉去操场，我低着头不敢看理科学霸闺蜜的脸。

"顾影你知道你在我心里是什么吗？"闺蜜顿一顿，说，"是女王。"

"你从来就不是能妥协低头的人，我不知道这段感情对于你来说算什么，得失只有你自己心里清楚。但是我觉得，一段让自己不断退让低头的感情，越是走到后面越是无路可走。我们喜欢你，因为你就是你。低头低得太厉害，王冠掉了可就捡不回来了。"

我忍了好久的眼泪，终于扑簌簌地落下来。

你不说话了。我起身帮你整理扔了一地东西的房间：他爱听的歌手的 CD，你写了几个月的日记，给他准备的生日礼物还没有来得及送出去。夏天就要过去了。

我说，你要明白，你长了十七年，一直都是我们护着爱着的小荔枝。表姐也曾十七岁，知道什么是怦然什么是心动，但是有些事情里坚持是必要的，譬如你需要成为一个最好最真实的你，就不能一味迁就他人，放弃自己内心的想法。那个要你一再退让妥协的人，不可能是对的草原。

你托着下巴，眨着眼睛认认真真地看我："那我以后还会找到对的草原吗？"

我笑了，我说会啊，只是你必须得先弄清楚自己是一匹什么规格的野马。

你也笑，杏仁眼弯弯，眼神清澈透亮。我摸摸你缎子一样的披肩黑发，缓缓地说："我知道我们都着急，着急着想变成一个大人，像他们一样去爱去生活。可是很多时候着急是没有用的。我们只有做好最真实的那个自己，才能找到最合适的人。不要因为一个现在喜欢的人，就选择永远做一个不喜欢的自己。头上的皇冠不是你一个人的骄傲，那是所有爱你的人给你的祝愿和期待。小荔枝啊，就算没有蘑菇头没有台湾腔，那也一定值得被爱。"

小姨不知道什么时候就站在门口了，笑意盈盈。我知道，排骨汤炖好了。

开学一个月，我从食堂打饭回来，一手拎着肉丝土豆粉，一手攥着你寄过来的信。粉色信封圆体字，还是小荔枝的风格。

你说你没有去剪蘑菇头。

你说你还是觉得历史是一门迷人的学科。

你说文科班的教室在五楼，虽然爬楼辛苦，但是日落瑰丽，你常常站在天台上，觉得刚写完一套文综题的自己，就像一个戴着皇冠的女王。

我轻轻笑起来。十月的武汉，秋高气爽，云淡风轻。

此路不通，并非前面没有路

她的名字叫李翠利，一个普通的农家女。2005年，她在父亲的资助下开了一间农家超市，作为村里第一家超市，很快就吸引了村民们前来消费。

可是渐渐地，她发现物质生活富裕了的乡亲们，精神生活的节奏却明显跟不上物质生活发展的步伐，莫名的责任感让她想要改变这种现状。

李翠利萌生出一个念头，让乡亲们免费读书。经过反复的思量，李翠利自筹资金购买图书，在自家的超市里腾出地方创办了一间免费书屋——微光书苑。

李翠利的付出，没有换来大家的理解。来超市买东西的人们，只是好奇地往书屋的那个方向看几眼，询问是不是真的免费，得到肯定的答复之后，不仅没有借书，反问李翠利图个什么？渐渐地，流言蜚语越来越多，有人说她弄个免费书屋是为了招揽顾客，书免费了，说不定超市的物价就要涨了；还有的人说，把书屋建在超市里，一静一闹简直是无稽之谈，甚至连外村的人都来李翠利的小超市看个究竟，可是无论她怎样解释，就是没人借书。大家对免费书屋的否定和不理解，仿佛在李翠利的面前竖了一个牌子："此路不通"。

有一天，当她看到几个来超市买东西的孩子，灵机一动，她对这几个孩子说，只要签个名就可以把书拿回家慢慢看，看完了拿回来就行。很快，别的孩子也来借书。后来孩子们都排着队来借书，这不仅调动了孩子们的读书热情，也使原本持观望态度的乡亲们对免费书屋有了新的认识，借书的人渐渐多了。李翠利希望更多的人加入进来，每次超市里来了没有读书习惯的村民，李翠利边招呼边做思想工作，引导他们借阅。

不限定开放时间，不需要任何证件，没有条条框框的约束，越来越多的村民走进书屋借阅。李翠利还准备了一个留言簿，大家可以把对免费书屋的意见和建议写下来，让书屋更好地为大家服务。

微光书苑给乡亲们带去了新的乐趣，大家有时间聚在一起就聊聊自己在书里看到的故事，打麻将的人也少了。有的家庭主妇受到书里的启发，做起了小生意，取得了经济效益，也给其他人做了榜样。

正当李翠利庆幸有越来越多的乡亲们走进书屋借阅时，新的问题也随之而来。她发现留言簿上很多村民留言说，他们想看的书在书屋里找不到。李翠利犯难了，现有的书籍已不能满足大家日益高涨的借阅需求，没有新鲜血液注入的"微光书苑"很快就会失去现有的生命力，而自己的经济能力又有限，无法长时间的持续投入。

于是，李翠利走上了街头募捐的道路。第一次募捐是在县城最繁华的超市门前，为了能够让大家更好地了解、支持"微光书苑"，她特意做了张"微光书苑"的简介喷绘挂在三轮车上。看到来来往往的人没什么反应，李翠利索性把喷绘扯下用双手举在胸前。这样果然奏效，不一会就围了一圈人，有拿手机拍照的，有问长问短的，可就是没有人说要捐书，不一会，有个商贩以占了他的地盘为由把李翠利驱逐了。第一次募捐以失败告终，李翠利又一次面临"此路不通"。回到家的李翠利十分沮丧，募捐没有达到她预期的效果，无法解决免费书屋面临的问题。

不得已，李翠利在父亲的建议下，开始向一些单位寻求捐助。县城里的大小单位李翠利都跑遍了，有的听了关于微光书苑的介绍很感动，将不用的旧书旧报纸打包让她带走，有的却表示爱莫能助。李翠利和她蹒跚学步的微光书苑，就这样一次次面临"此路不通"，一次次换个方向，另寻他路，从不放弃。

"此路不通"没有挡住李翠利追梦的脚步。当越来越多的人开始理解她和微光书苑，当越来越多的人支持微光书苑，李翠利，终于圆了她的读书梦。

用仰视别人的时间，去铺就成功的道路

西西拿着 BEC 高级的证书跟我说："我准备去一个还算比较有名的外企工作了。"

西西是一个把大学前两年的时间都用来宅在宿舍追一部又一部电视剧的宅女，并且她认为追剧的数量代表着她在电视剧行业的成就，因此除了吃饭睡觉和上专业课，电视剧的播放几乎没有暂停过。

直到突然有一天西西发了一个微博：今天开始我要努力了。附带 BEC 考试必备书籍的全套照片。

当然，我也看到了微博下面的评论：

"呦，你不看电视剧了？""你也开始学习了？""直接就来 BEC 高级，你确定？"

西西没有理会这些质疑，而是开始每天"教室－食堂－宿舍"的三点一线生活。

时间一长，一些平时跟西西关系还算近的朋友说："叫她干吗，人家是要做学霸的，人家怎么会有空跟我们玩。"一些在班级中成绩不算好也不算差的同学说："你看她现在分享的微博都是英语，

好像只有她是出身英语专业似的。"

西西依然每天走在校园中固定的小路上，按照自己的计划和安排准备着考试，当然，以之前追美剧而潜移默化形成的语感加上快要一年的刻苦努力，她最终还是拿到了BEC高级通过的证书。

不过，就算是在这张通过西西自己的努力与勤奋得来的证书背后，我还是听到了一些别的声音：

"人家现在可是学霸了，高级证书都随随便便就拿到了。""人家本来就聪明，要是我，努力一辈子也考不到。""我从来没看出来原来她这么厉害呢。"

这是两年前我一个朋友的故事，后来这些总在背后盯着她评论她的人因为找到了下一个目标，于是转移战场去"攻击"一个看起来高高瘦瘦的姑娘，听说是因为这位姑娘最近喷着一款牌子还不错的香水。

我们的身边总会遇到这样的人，他们害怕自己的付出得不到收获，还不愿意面对别人的努力，比起自己虽然努力却失败，更害怕别人通过努力而成功。

只是因为——他愿意承认大家开始是站在同一条起跑线，却不愿意面对最终赢得了比赛却是你的现实。

他们害怕失败，还没开始努力就害怕最后的结果是失败，害怕自己也会变成别人眼中嘲笑的对象，害怕自己下定决心还是会三分热度，半途而废，害怕说好的一起努力，为什么你就比我取得了更大的收获。

所以他们开始敷衍自己，反正辛辛苦苦付出也不一定会换来好结果，就好像一个全副武装准备好战斗的战士想帅气的披荆斩棘却被敌人打得落花流水一样，这样多丢人，那还是不要去尝试了，至少不会颜面扫地吧。

终于，他们这种不敢面对，不愿意相信自己的心理变成了不愿意相信别人的心理：

凭什么你努力你就可以成功？

凭什么你过得比我好？

凭什么明明我们是一同起步，你却比我优秀了这么多？

我要盯着你，好看到你也会失败。

自卑容易让人嫉妒，嫉妒容易让人盲目。他们看不到自己落差在哪里，也看不到你取得成就所走过的路，他们一厢情愿地认为，你得到的一切都是运气好有天赋，而自己只是没有那个福分，他们用嘲笑的方式来拼命掩饰自己内心的自卑感。

嫉妒总是狭隘的，因为它总会发生在与你条件相当的人身上。

于是，在他们的世界里，你不能穿高档的衣服，不能挎名牌的包包，不能取得比他们优秀的成绩，不能赚比他们更多的钱，不能在任何领域领先他们。

其实，他们也不过是想通过谈论你，获得那么一点存在感而已。

世上的人千姿百态，我们总会遇到觉得奇怪的人，每逢此时我都会用一句话来安慰自己——你要相信，你在生命里遇到的每个人，都有他的价值和意义。

如果你是那个为自己的坚持依然执着的人，不要理会他人的质疑，按照你的目标继续下去，因为不论羡慕还是嫉妒都是另一种对你的肯定，你没必要为了获得他人的认同而停下脚步。路途遥远，总有与你谈得来的朋友伴你一起走。

如果你是那个有点自卑的人，不妨试着相信自己一次，给自己一点鼓励，去追随你的理想而赋予行动，把用来遥望别人的时间铺成超越别人的路。也许，努力依然不一定成功，但在努力的过程中，你总会收获到不一样的自己。

向上，去做那些有难度的事情

只要我想偷懒，躺在床上睡懒觉，或者打开游戏的界面时，我都会认真问自己，你现在做的事，对你而言是不是很简单？是不是很低级？因为简单和低级，所以大家都会轻易和乐意去做。但你想要变得更优秀，难道是只要动动手指这样简单而低级的行为，就能完成吗？

那既然享受和安乐无法让你变得更加优秀，为何不做点对自己而言，比较困难和高级的事情呢？有人会不解，什么才算是对自己有些难度和高级的事情？很简单。你静下心来考虑，什么对你来说是现在还无法企及、是对你而言相对难熬，而不情愿花费时间去做的。

比如，你英语不是很好，那么，努力学习英语，对你而言就是相对有些难熬的事情；你对自己的身材不满意，那么花费一定的时间和精力去健身减肥，就很高级；你不善于和别人交往，走出宅在家里的习惯，对你而言就是一个挑战……尽管这对你而言，有些困难。而如果宅在家里，刷泡沫剧或者玩游戏，这个会毫不费力，会让你感觉更舒适自在。因为这些都没有技术含量，所以做起来轻而易举，你乐此不疲地一遍遍机械重复，最终在原地停留踏步。最后你成为的那个人，还是那个你讨厌的模样。

我们现在还不够优秀，缺点满身，并不可怕，可怕的是你明知道自己的缺点和不足，不是想办法去解决和克服，而是安于现状，原地踏步。

你羡慕青春偶像剧里的爱情，但那爱情不属于你。偶尔消遣后，就应该从中走出来，去更广阔的空间看看。可以入戏，但不要忘了回头。不去现实中看看，不去勇敢地迈出爱情的第一步，也只能是羡慕别人爱情的份。当然，对你而言，费尽心思地去追一个喜欢的人，可能遭到拒绝，可能情感失利，它远没有满身轻松地躺在被窝里，拿起手机，上网刷剧来的简单愉快。但美好的东西，因为珍贵，所以总不是触手可得，需要拼尽全力地去获得。可能过程有点难，可能结果没有你想象中的那般好，但你一定会比原地不前的那个自己，要过得丰富和优秀。

生活本身，就是一个不断升级打怪的过程，你不打倒他，可能就会被淘汰，因为现实就是这么残酷。同样，如果你也走上了打怪的道路，但你只想虐虐毫无技术含量的小兵，对大 Boss 望而却步，见到他就喊，这么厉害，我解决不了，谁爱打谁打去。于是你转身离开，继续打毫无技术含量的小兵，并且对此乐此不疲。而你身边的人，拼命地克服一道道难关，获得更多的生命值和经验。

　　多年以后，两人见面，你可能心里暗自惊讶，他现在这么厉害，而我为什么还这么低级！没有什么不公平，相同的时间，你把时间用在了停步不前，别人把时间花在了克服挑战上而已。而去做一件对你而言相对困难的事情，当你去解决它的时候，你不仅会收获更大的进步和成长，还会感到更加强烈的幸福感和满足感。因为你做的这件事情，是比你想象的要高级一些的东西，是你花费了时间和精力用心维持的东西，是让你废寝忘食的东西，所以你最后拿到手的，一定是自己最想要的。

　　没有人想一直差，但也没有人心甘情愿地接受折磨和苦痛。但要你在这两者中间选择时，你会怎么办？我们都会觉得，相比较做个差的，去努力克服自身的缺点，努力追求自己喜欢的东西，让自己的人生过得更丰盈，即使深陷困境，即使前途未卜，即使满身伤痕，也要好得多。

　　有些事情，不是我们非做不可，是你不去做，就可能会陷入更大的困境。而你顶着难度去上，反而会感觉柳暗花明。你为了不掉入狭隘的井底，拼尽全力沿着井底朝上爬，是为了能看到更加广阔亮丽的风景，是为了让自己心脏的肌肉，变得更加强硬。而这就是尝试着去做对自己而言有些难度和高级的事情的意义所在。

走着走着，前方就到了

小时候，我跟着母亲去城里的表姨家走亲戚。母亲牵着我的手，走了很久很久，我非常累了。表姨家怎么那么远呢，远得好像永远都走不到。我不停地问母亲："快到了吗？还有多远？"母亲安慰我说："快了，快了！"我走几步，就要问："快到了吗？"很快，我筋疲力尽了，可仍然没到。我坐在地上耍赖，再也不肯走一步。母亲只好背起我，继续朝前走。我趴在母亲背上说："妈，表姨家怎么这么远？你不累吗？"母亲说："我不累！我不管前面的路有多远，只管朝前走。走着走着，就到了。"真的，母亲很轻松的样子，即使背着我也不嫌累。走了一会儿，我们终于到了表姨家。

那次的路途，简直成了我的一场苦旅，让我记忆深刻。后来，再遇上走远路，我坚决逃避，再不肯用自己的脚步去丈量远方有多远。而母亲呢，不管多远的路依旧不怕，迈开脚步就走。她还是那句话——"走着走着，就到了。"

多年后，我重新回味母亲的话，觉得真是很有禅意。"不管前面的路有多远，只管朝前走，走着走着，就到了。"我之所以感到累，除了年龄小，更主要的原因是太过关注远方有多远，总想尽快到达目的地，但脚下的步子却快不起来，这种心理上的恐惧、茫然、失望，让我丧失了勇气和信心。而母亲呢，不去关注目的地，只管走好脚下的路，所以她不会感到累。

即使成年以后，我们很多人依旧不能摆脱那种总是关注远方有多远的心理。记得那年，我决定通过自学考试拿下本科学历。我给自己制定了目标：两年之内一定要拿到本科学历证书。接下来的日子，我开始紧张地准备考试。过了一科后，我翻翻剩下的科目，摇头叹气说："还有这么多科，太难了！"好不容易过完了三科，时间已经过去一年半了。我还是总盯着剩下的科目，有时还会用手掂掂那些书的分量，暗想："哪辈子能过完所有的科目呢？"工作、生活本来就够累人的了，再加上自学考试，简直要累死人。后来，我终于撑不住了，最终放弃了自己的计划。

还好，几年后，我又重新参加自学考试。我不再关注什么时候能过完所有的科目，只是默默地努力，一科一科地过，就像翻越高山一样，翻过了一座又一座，即使山的那边依旧是山，我也只管走好脚下的路。就这样，我终于拿到了本科毕业证。我欣喜极了，走着走着，真的走到了春暖花开的彼岸！

喜欢写作以后，经常有文友和我探讨写作的事情。很多文友为自己制定了高远的目标，每天都总结离目标又近了多少。但很多时候，目标是那么遥不可及，人就像蜗牛一样一点点朝向远方，我们前进的步伐太慢，而远方又太远。走着走着，就感到自己力不从心，原来的百倍信心也一点点丧失了，几欲放弃。我对他们说："莫问远方有多远，只管从从容容往前走。走着走着，路就宽了，花就开了，目的地就到脚下了。"

　　远方是我们必然会抵达的驿站。莫问远方有多远，一直向前，总有一天会与一个个远方不期而遇。

选择正确的方向，让你被世界看见

[对手选对了，会促使你不断向上；

选错了对手，也许就选错了人生方向]

美国有位叫阿扎洛夫的作家，他的勤奋与努力使他前半生有着辉煌的成就。然而，在他的后半生，由于他在故乡小城里与一个叫马利丁的文坛小丑较上了劲儿，并将其视为竞争对手，从而使他前半生的辉煌与后半生绝缘。

马利丁为抬升身价，得到名利与地位上的双赢，以卑鄙的钻营伎俩不断地在当地报刊上制造一些低劣的花边新闻，并公开向阿扎洛夫叫板。按说以阿扎洛夫的人品和地位，本不该理会这种"跳梁小丑"式的角色。然而，不幸的是，阿扎洛夫被这个小丑激怒了，丧失理智的他与马利丁在小报上展开了长达数年的论战。

结果，马利丁靠着他既得到了名又得到了利，而他却在无端地空耗青春与生命的同时，成了世人耻笑的对象，从此一蹶不振，抑郁而终。

一个人在社会上生存，常常会在竞争中遇到对手。对手是一面镜子，他让我们更清醒地认识自己；对手是一盏黑暗中的灯，他让我们看清方向。有对手的人便有奋斗目标、作战计划，步步为营，走向成功；没有对手的人就没有壮志雄心，甚至如井底之蛙，目光短浅、夜郎自大。

没有对手的人生是孤独的人生，但选错对手的人生则是不幸的人生。一只鼬鼠向狮子挑战，要同它一决雌雄。狮子果断地拒绝了："如果答应你，你就可以得到曾与狮子比武的殊荣；而我呢，以后所有动物都会耻笑我竟和鼬鼠打架。"

"看一个人的心术，看他的眼神；看一个人的身价，看他的对手；看一个人的底牌，看他的朋友。"小成功靠朋友，大成功靠对手。对手是将你推向成功的另一只手，对手有多强，你就有多强。经济学家说："百事可乐最大的成功是找了一个成功的对手。"

[有时候，解决问题的最好办法不是奖惩，而是尊重]

法国著名将军狄龙在其回忆录中讲了这样一件事：

一战期间的一次恶战，他率领第 80 步兵团进攻一座城堡，遭遇了敌军的顽强抵抗，步兵团被敌方火力压住无法前行。

情急之下，狄龙大声对部下说："谁设法炸掉城堡，谁就能得到 1000 法郎。"他以为士兵们肯定会前仆后继，结果却没有一个士兵冲向城堡。

狄龙大声责骂部下懦弱，有辱法兰西国家的军威。旁边一位军官见此情形，对狄龙说："长官，您要是不提悬赏，全体士兵都会发起冲锋。"

狄龙听罢，发出另一道命令："全体士兵，为了法兰西，前进！"结果，整个步兵团从掩体里冲了出来。最后，全团1194名士兵只有90人生还。

"有时候，解决问题的最好办法，并不是奖惩，而是尊重。"狄龙在回忆录里这样写道。

人生在世，能受人尊重是最重要的。紧要关头，只要给予人应有的尊重，他便会舍生忘死，无所畏惧，奋不顾身，所谓"士为知己者死"。每个人心中都有一盏圣灯，关键就看你如何运用技巧把语言组成火把去点燃。

[享受生活，并帮助别人享受生活]

16岁，洛克菲勒在美国俄亥俄州一家干货店当职员，每星期赚5美元；19岁，他下海经商，倒卖谷物和肉类，从那时起，他将每一笔收支都记录在册，甚至不漏掉一个便士的慈善捐款；23岁，他开始全心全意地追求他的目标——财富。除了生意上的好消息外，没有任何事能让他开心。他曾为150美元病倒，他从未进过戏院、玩过纸牌和参加过宴会，他曾和自己的亲弟弟闹翻，他曾被当地人认为是他们"最痛恨的人"，他过分追求钱财，他冷漠、多疑，因此很少有人喜欢他。

35岁，他赚到了第一个100万美元；43岁，他创立了世界上前所未有的垄断企业——标准石油公司；53岁，烦恼和高度紧张的生活严重影响了他的健康，以致他不得不选择退休。经过一段时间的反省后，他觉得自己失去了亲情、友情、爱情和健康，他终于想通了。他开始为他人着想，并开始思索那笔钱能给多少人带来幸福。

他用自己的钱把一所被关闭的学院建成了举世闻名的芝加哥大学；他帮助黑人、资助医疗事业；他还成立了一个国际性的基金会——洛克菲勒基金会，致力于消灭世界各地的疾病和文盲。他克服了以往的烦恼，舒展了自己的心胸，同时不经意间提升了自己的名望。53岁就快要死的他，竟然多活了45岁，以98岁的高龄谢世。

人总是珍惜未得到的，而遗忘了所拥有的。其实，快乐并不在于拥有的多与少，那些真正快乐的人不是因为拥有的多，而是因为他们计较的少。在得失面前，很少有人能保持一颗平静的心，我们常常在患得患失中寝食难安。其实，得到有时是种痛苦的折磨，而失去有时却是种深刻的快乐。

你若松手，
成功便会
撒手

面对挫折和失败，

我们不要轻言放弃，

再坚持一会儿，

也许转机就在下一秒出现。

只有你不放手，

失败才会撒手。

你若松手，成功便会撒手

给男友送一个智能盆栽，或者给爱熬夜的室友送一盒斯里兰卡红茶……最近，一款能帮你"淘"时下潮流礼物、具有"扫码留声"、"礼物商店"等特色功能的 APP 应用"礼物说"在网上火了起来，上线短短 4 个月的时间，用户就达到了 200 万，成为礼品导购 APP 的第一名。而成功开发这款 APP 的人，就是年仅 21 岁的温城辉。

温城辉家在广东潮汕，是个聪颖、长相清秀的大男孩。2011 年读大一时，温城辉就利用课余时间推销明信片，赚了十多万元。收获了人生中的"第一桶金"后，他信心大增。读大二时，他用这笔钱组建了一个开发团队，开发了一款可以存储录音和视频、并能印在明信片等礼物上的二维码产品。可是由于推广不利，折腾了一年，不仅没赚到钱，自己的 10 万元创业基金也血本无归。

为了筹集资金，温城辉一个人跑到上海去找投资机构，可是没有一家投资机构对他的产品感兴趣，结果空手而归。又几经波折，直到 2013 年 12 月，他终于获得一笔 150 万元的天使投资。拿到这笔钱后，有人对他说："北京的创业环境好，不如带着团队到北京发展吧。"温城辉觉得这句话有道理，2014 年 2 月，怀着创业的激情，温城辉带着团队的七八个人到了北京。

刚到北京的时候，天气还很冷，为了节约开支，温城辉在五道口附近租了一套 180 平方米的老房子，男女分别挤住在两个房间里。环境的简陋并没有影响大家的创业热情，几张桌椅拼凑在一起，几个年轻人就坐在电脑前，没日没夜地针对产品功能进行挖掘和完善。

在这期间，温城辉没有一刻闲着，他不断去找投资机构，希望得到更多的融资，但是一天天跑下来，还是没有一家投资机构看好他的产品，拒绝跟他合作。有人还"好心"地劝温城辉："孩子，你年纪还小，先回去上完大学再创业吧，可别让一个小发明毁了你的前途呀！"但温城辉并没有泄气。

几个月后，团队又接连推出了两个新版本，但市场反响还是不温不火。当温城辉拿着新产品又一家家地去找投资机构时，即使磨破了嘴皮，结果还是无功而返。这时，团队成员中有人开始动摇了，一则北京离家远，二则看不到产品有什么希望，不由得动了退出的念头。温城辉劝大家说："再坚持坚持做一个版本吧，也许会有转机呢。"

这期间，温城辉一直在苦苦思索几个问题：为什么自己的产品虽然实用却火不起来？如果实在不行，要不要重新开发一款新产品？新产品会是什么样的？没想到这时转机来了，有一天，他正在为团队采购食物，意外碰到一个使用他们的二维码的用户，温城辉便问二维码好不好用？那人说："挺好用的，但更让我头疼的是不知挑什么礼物送人好。"说者无心、听者有意，温城辉脑袋里灵光一闪：帮别人挑礼物或许是个切入点，能不能做一个礼品导购 APP 呢？回到出租屋，温城辉马上打开百度，搜索"生日送什么？"结果发现网上这样的问题多得惊人，但却没有人做礼品导购。温城辉十分兴奋，马上拍板做这样的一款 APP。

新目标定下来后，仅仅用了两个月的时间，温城辉带着团队就开发出了一款礼品导购 APP，即先从京东、淘宝、天猫上筛选礼物，然后用文字和图片进行包装，供用户挑选，后面有购买链接，方便用户交易，温城辉把这款 APP 命名为"礼物说"。2014 年 7 月，"礼物说" demo 版上线，不到两个星期时间，用户就达到了 10 万。这时，温城辉的那笔 150 万元天使投资也用完了，他再次带着产品和用户数据找到曾为他们投资的那家投资机构。而这次，温城辉没有失望而归，他拿到了一块沉甸甸的大蛋糕——300 万美元的融资！签完协议的那一刻，温城辉激动得心怦怦直跳。

8 月，"礼物说"正式上线；10 月，礼物说开始有交易额；"双十二"，"礼物说"一天的交易额就达到数百万元……随着用户数和交易额不断刷新纪录，温城辉终于熬到了属于自己的春天。

  凭借"礼物说"的成功，温城辉一举成为当前 90 后创业人物中的"明星"。然而一路走来，温城辉也经历过不少挫折，甚至曾一度走到失败的边缘，直到"礼物说"的成功逆袭，才帮助他打开局面。创业成功的"90 后"们，除了具有年龄优势外，他们同样拥有勤奋、能吃苦、勇于坚持的精神，正如温城辉说的："有时候，我们看似被逼到了绝望的边缘，其实只要换个思维，抓住一个点，就能绝处逢生。面对挫折和失败，我们不要轻言放弃，再坚持一会儿，也许转机就在下一秒出现。只有你不放手，失败才会撒手。"

成功路上，别向困难低头

你有没有攒了一堆脏衣服，自己不想动手洗，又懒得送往干洗店的时候？别发愁，有人帮你解决了这个难题。你只要打开手机微信，添加一个名为"依芙洗衣"的微信公众号，选择"我要洗衣"后，填好个人信息，就会有人主动联系你上门取衣服，并在你需要的时间内把洗干净的衣服送回家。这是最近悄然兴起的首家网上洗衣店——依芙洗衣。因为简单方便地使用功能和快捷周到的服务，依芙洗衣受到很多人的青睐，它的创始人是洛阳的90后小伙申煜明。

申煜明大学学的是 JAVA 软件程序开发和互联网设计专业，毕业后，他在一家网站找了一份程序员的工作，没做多久，他就对这种一潭死水式的生活方式兴趣索然。"趁着年轻，我应该尝试过一种自己想要的生活。"申煜明想到了创业，可是，选择哪一行好呢？一次，他把自己的衣服送到干洗店，和干洗店老板聊天的过程中，突发奇想："我可以把所学的专业和洗衣服结合起来，开一家网上洗衣店！"申煜明飞奔回家，他把自己的创业想法在电脑上做了初步规划。

当月，申煜明辞掉了网站的工作，转身到一家干洗店当了一名学徒。大学生来做洗衣工，所有人都觉得他魔怔了，可申煜明却做的兴趣盎然。他跟着洗衣店的师傅了解洗衣设备、衣物的分类、洗涤用品的使用以及清洗方法，做起来一丝不苟。经过一个多月的"卧底"，申煜明发现洗衣服并不是一项简单的工作，光除渍的药剂就有一百多瓶，石油、血迹、涂料等都有专门的药剂。可是既然下定决心要创业，就要迎难而上。

2014年10月，申煜明和同学组成了一个9人的团队，依芙洗衣正式开张。开业初期，为了增加业务，打响品牌，他在微信及店面打出了"一件衣服1元钱"的标语，让用户体验。那几天，光打的去收衣服一天就要花三四百元，但收入才几十元。大家都盼望尽快熬过体验期，迎来更多的订单，可是让他们没想到的事发生了。一天早晨，申煜明不到8点就早早赶到办公室，但眼前的一幕让他惊呆了。门上被喷了红油漆，写着"欠债不还，天理不容"八个大字，未干的红油漆顺着字迹流得一道一道的，显得阴森恐怖。原来，申煜明的房东欠别人钱，被别人逼债上门。

无奈之下，刚开张不久的依芙洗衣只好搬家。7000元的装修费打了水漂。搬家后的洗衣店生意极其清淡，一直处于稳赔不赚的阶段。团队里有人开始动摇了，申煜明也极度苦闷，彷徨中，他在QQ上找到了自己大学时的社会学导师。了解到申煜明的境遇后，老师对他说："创业的路上并非都是赚钱，都有亏本的时候，只有能接受亏钱，才会迎来成功。你要知道，成功路上其实并不拥挤，因为接受不了创业起始的亏钱，知难而退的人太多了。"

老师的一席话像黑暗中的一盏明灯，给了申煜明坚持的信心和力量。他对团队的成员说："赔本的生意没人干，但我们干了就有市场。"为了让更多的人了解并接受他们的网上洗衣店，申煜明将宣传不仅仅放在网络上，还印了名片分散人员到各个超市、广场等人流密集的地方发放。虽然有时候会遭遇城管，但效果还不错，依芙洗衣逐渐收到一些订单。也许是应了"万事开头难"这句古话，申煜明收到的第一份订单是一件好像几十年没洗过的"惨不忍睹"的军大衣。就是这样一件订单，他也格外珍惜，认真清洗干净送到客户手中。慢慢地依靠诚信服务，客户逐渐多了起来，申煜明的网上洗衣店开始走上正轨。

2014年11月，网上洗衣店去深圳挑选产品硬件时，碰巧参加了正在举行的"移动互联网创业峰会"。会上，他分秒必争地向每一位对网上洗衣店感兴趣的人介绍创业思路和下一步的打算。下一步，申煜明打算在全市放置30个自动收衣柜，客户可以将脏衣服放进去，到时间再来领回洗好的衣服，交易都是通过网上支付的。一位天使投资人认可了他的创意，依芙洗衣得到了140万元的天使资金。

如今，依芙洗衣的队伍由刚开始的 9 人增加到 160 多人。每天 100 多件衣服的业务量，让申煜明和他的团队忙得不可开交。他的自动收衣柜也走在逐步升级的路上，加入了充话费、缴水电费、商品配送等业务。洗衣服这一传统的服务模式，被申煜明加入了网络新元素而做得风生水起，红红火火。他的办公桌上，一直贴着这样一句话：成功的路上并不拥挤。

是的，成功的路上并不拥挤，前提是永远别因为创业路上的一点点阻碍，就放弃追逐自己内心最真实的想法，永远别潦草地向困境妥协。

从破烂堆里站起来

20世纪60年代，他出生在山东一贫穷农家，儿时患小儿麻痹，没钱医治，落下左腿残疾，从此只能手扶膝盖走路，一瘸一拐歪身子。

他不但残疾，还长得特别丑，脸黑似煤炭，且泛着黄光，明显的营养不良后遗症。

家中兄弟众多，除他以外都依次成家。身体残疾、面貌丑陋的他日益变得多余，27岁那年，兄弟们终于容不下他，一起对他说：你出去讨饭吧，能讨到你就活着……母亲疼他，但已年老，靠兄弟们赡养勉强过日，只能含泪悄悄塞给他5元钱。

他含着泪水绝望地离开了家乡，在外流浪多日，饥饿难耐，看到拖萝卜的大卡车，想着爬上去弄几个萝卜吃。没想到就这样大卡车把他拖到了首都北京。

在北京仍旧是流浪，捡破烂。有一次，他在别人丢弃的故纸堆里捡到几本旧书，没想到在火车站有游客看中了，跟他买了，而且比那些报纸值钱多了。他由此对这些旧书旧纸充满了兴趣，到处搜集。开始是捡，后来还收。收了就用破排车推到著名的潘家园古玩市场去卖。交不起摊位钱，不能进市场，他就在门口卖。开始不知道每本卖多少钱，可他为人善良忠厚，有专家愿意教他，他自己也挑灯夜战地加紧学习。

慢慢地，他的这项事业越做越大，不再满足于泡在废品店里翻找，而是到大机关、博物馆、档案馆、出版社蹲点，看到有清理出来准备丢掉的书籍资料、名人信札等，立刻想办法收到手，然后拿到潘家园古玩市场卖，没有找到合适买家的就自己好好收藏。

他叫王富，如今在北京有房有车有宽敞门面有幸福家庭。更重要的是，从破烂里爬出来的瘸腿王富，已是书籍资料照片收藏界响当当的人物，被专家称为"我国纸类软文物的保护神"。当年把王富"赶"出来的家人，却依旧生活平庸拮据。王富不计前嫌，把他们接到北京，让他们成为他的帮手，给他们丰富的物质回报。

我不由得想，如果当年王富和他的兄弟们一样正常，不是瘸腿、不丑陋，那么也许他仍旧会待在那个落后的村庄，一辈子粗糙度日。

我忍不住想起我的一位邻居兄长，因为胎记，他的大半边脸都是紫红色，且上面布满疙疙瘩瘩。从小这位兄长就被称为"鬼孩子"，没有人愿意跟他玩。他只有与书为伴，80年代考上研究生，后来成为某大型国企的一把手，再后来建立自己这个即将上市的集团公司。

上次回家，见到我的这位兄长，脸上的胎记不见了，成为成熟魅力的中年男子。我忍不住问："哥，你的那胎记呢？"他笑："那是天使跟我开了个玩笑，扮成魔鬼催我前进，因为天使令人沉醉，而魔鬼催人奋进。"我知道他是进行了整容手术，但他的话令我茅塞顿开。如果不是当年那张"魔鬼脸"，他也会和家乡当年那些其他的少年一样，在玩耍中打发日子，然后碌碌终老。

也许苦难，也许失意，也许无助，都请别放弃，因为这些，或许是天使的玩笑。打破她的玩笑，你就成了天使。

如果要卷土重来

　　47 岁的科恩·雅各布森是一个大公司的经理，在总部任职，周围的人都对他羡慕不已。但正当他意气风发的时候，上帝却跟他开了个玩笑。一次，公司安排他到国外出差。这一去就是一个月，归来的第二天，他回到他的办公室，却发现他的位置已经有人坐了——一位陌生人接手了他的工作。原来，在科恩出差期间，公司的高层发生了变动，科恩原来的上司，也就是公司的副总裁被调往了其他部门。新来的副总裁带来了自己的原班人马。

　　无奈之下，科恩去了一个公司的小部门做了副经理。新职位的薪水较之前低很多，而且 3 年内不会有增长。

　　这是一个很常见的职场故事。面对这种不公平的待遇，有的人从此一蹶不振，有的人却能卧薪尝胆，再度崛起。对于我们每一个人来说，要想走向成功，就必须学会如何应对事业的低潮期。事实上，每一个成功人士都经历过事业的重大挫折。亲爱的朋友，如果你想卷土重来，请记住这些方法：

[全身心投入新工作]

科恩·雅各布森被降职后，并没有过度地怨天尤人，相反，他把这次降职看做获得了一次新生的机会。到了新部门后，他立刻全身心地投入到了新工作中。"是金子就会发光"这句话在科恩身上得到了应验，18个月后，他再度得到了提升。"在公司总部任职固然让人有一种荣誉感和满足感，但如今能在这样一个小型高效的部门当经理也很有成就感，"科恩说，"在这里压力没那么大，对公司的贡献也不小。"

[不要过度同情自己]

一个开朗乐观的人不会长时间地同情自己，更不会自怨自艾。过度沉湎于自怜或痛苦中的人花费了太多的时间来自省，却没有足够的时间来投入东山再起的行动。

切尔西是一家小镇药店的药剂师，在她答应到这家药店做药剂师前，她就和药店老板签了一份协议：老板退休后把他的药店产权卖给她。但在切尔西为这家药店尽心工作了10年，药店老板即将退休时，事情却发生了变化：一家药业连锁总店看中了这家药店，开出了两倍于他们协议的价格，药店老板经受不住诱惑，违背了他和切尔西的协议，将药店产权卖给了那家药业连锁总店。

切尔西深受打击。但她不是那种只在一棵树上吊死的人，在离开那家药店后，她用这些年的积蓄在附近的购物广场里开了一家完全属于自己的药店。今天，切尔西的药店已经成为了当地最大的药店，雇有两名专职药剂师、一名药店经理以及 30 多名的兼职员工。

舍得放弃，才能拥有更多

1889 年，爱德华·米其林在法国克莱蒙费朗创办了一家轮胎作坊，因为需求量大，他的轮胎作坊没几年就成了一家大公司。

随着规模越来越大，爱德华接触到的业务也越来越多：他发现造船挺赚钱，于是成立了一家造船厂；他觉得酿酒业也很不错，于是又成立了一家酿酒公司；随着项目的增加，他觉得运输业这笔钱也应该由自己来赚，于是又成立了一家铁路运输公司……

爱德华的商业帝国越来越大，就在他慢慢成为克莱蒙费朗最有钱的人时，问题开始出现了：他每天有处理不完的事情，每天都有做不完的决定，他每天都忙得筋疲力尽，可是几年之后，包括轮胎公司在内的所有业务却都开始亏损了。"为什么我这么努力却还是做不好？"爱德华纳闷极了。

有一天，爱德华因为酿酒公司原材料的问题来到一座葡萄园考察，他看到农户们正整篮整篮地把一些青葡萄摘下来倒掉，不无心疼地问："这些葡萄看上去并没有什么问题，为什么要把它们摘下来扔掉呢？"

"如果不摘掉部分葡萄，所有葡萄会相互抢夺养分，最终所有葡萄都会长得不够大，不够甜，而摘掉一部分就能为其他葡萄省下更多养分，其他葡萄也就能长得更大更好了，不仅产量会更高，价格也能卖得更好。"农户们笑笑补充说，"如果舍不得摘掉它们，我们反而会损失更多呢！"

农户们说着，继续忙活去了。爱德华则开始反复咀嚼他们的话，渐渐地从中总结出一个道理："这和我管理公司又何尝不是一样呢？我总以为揽下的业务越多就越成功，其实这是在分散我自己的精力，结果连一件事情也做不好。"

在那一刻，爱德华做出一个决定，摘掉那些分散自己精力的业务！此后短短半年时间，爱德华就先后关闭或出售了除轮胎以外的所有公司和业务，全力以赴地做一件事，而最终这件事也成就了他的伟业。到现在，他的轮胎业务已经覆盖全球200多个国家和地区，他的轮胎——米其林，如今被誉为"全球轮胎科技的领导者"。

"舍得放弃，才能拥有更多。"作为米其林的创始人，爱德华在晚年的时候曾这样教导他的子孙，"专注地做好一件事才能真正创造成就，贪心不足只能让自己一事无成！"

向美而生

美，对于艺术家来说是一种致命的诱惑，然后成为至死不渝的追求，让人变成一个真正的理想主义者。

文学大家、画家木心出生于美丽的乌镇，也曾温柔富贵过，但为了美和艺术，他卸去富家子弟的锦衣，时代的不幸更推了他一大把，使一个热血男儿在壮年时饱经磨难，在中年时颠沛流离，却不改初衷，向美而生，为美而死，过完他耽美传奇、广博自由、极有创造的一生。

我看过木心晚年时的照片，高大挺拔，依然英俊潇洒，是一个成熟到不用一颦一笑就极具魅力的绅士。可以想象19岁的木心会多么英气逼人、韶华独宠，他却偏偏借口养病，雇人挑了两大箱书，随他独上在冬天里山风刺骨、景致荒凉的莫干山。在家族废弃的大房子里，木心看博学严谨、孜孜以求完美、"肯吃苦、勤练习"的福楼拜，也看尼采，他曾说年轻人应该读读尼采，可以给人的精神补钙。一个人住在山上苦学，条件并不好，白天靠天光，夜晚靠烛火，开始还有肉吃，后来连肉丝也没有，木心调侃这种餐食是由散文成了五言绝句。他披一床被子，埋头练笔和写作美学论文，手背起了冻疮也不曾停止。看看他最后写出的三篇论文《哈姆雷特泛论》《伊卡洛斯诠注》《奥菲斯精义》，就知道正青春年少的木心究竟在做什么工作，对美好的事业倾心已久，深爱入骨，耐得住寂寞，心甘情愿去当美和创造的苦行僧。

泰戈尔说："那些尖锐而不广博的心性／执泥而一无所成。"而19岁时的木心已经远离单一的尖锐和执泥，逐步拥有了广博的心性。他在床头认真地贴上福楼拜的一句话："艺术广大已极，足可占有一个人。"他阅读研究的书籍绝不是现在的网络帖子所能相比的，他撰写的论文既不为发表，也不求成名，只是为美献礼，也绝不是现在的博文、段子、微信所能相比的。木心的那几篇论文使我情不自禁地想起另一位大家郑振铎，他翻译了《飞鸟集》，成为难以超越的经典，而翻译时他才二十几岁，难怪后来新译《飞鸟集》的冯唐由此感慨地说："我们这一辈子、我们上一辈、我们下一辈，二十几岁的时候，都干什么去了？"

木心去杭州读艺专，又去上海读美专，凭借他对美的向往、美对他的需要，而不单单是所谓的人生规划。木心也是热血男儿，在学生运动中，走上街头，演讲，发传单，跳上大卡车，再跳下大卡车。行动、生活、人生，他一样不缺，并不是为了美而忘掉一切的人。他的热血却跟其他年轻人不同，多了些浪漫温情，也多了些澄澈和自我，"白天闹革命，晚上点上一支蜡烛弹肖邦。"

因为短暂地投奔过新四军，木心被开除学籍，又遭国民党通缉，只好避走台湾，后返回大陆。不是青春要动荡，是时代在惊涛拍岸。他开始在部队做宣传工作，因患有肺结核，一边咳血，一边扭秧歌，岂不是为美付出了只能一个人疼痛承受的代价？接下来，最大的代价和噩梦是他的家在运动中被查抄三次，掘地三尺绝不是夸张，墙壁被凿破，地板被撬开，瓦片被揭掉，连餐桌上的一盆菜也被倒出来翻搅一通，结果数箱画作、藏书被抄走，美的资源一时枯竭。最大的不幸是生命的被侮辱和凋零，全家人被日夜监视，木心的姐姐遭批斗身亡，姐夫被关进"牛棚"，木心自己被囚禁18个月，三根手指被折断。曾经花团锦簇的家族一时破败不堪，关于生存的段落全是"被字句"。

然而美依然在生命的深处闪耀——虽然美在世间已经片甲不留，但它在人心间奇迹般的完好无损。对于木心来说，只要美还有一锥之地，他就可以顽强地活下去。他在白色的纸上画出键盘，每夜都在这无声的键盘上弹奏莫扎特和肖邦。是否弹奏到泪流满面？我至今没有看到有关回忆。他还在烟纸背后写作，在写交代材料的纸上写作，没有灯火，就凭着感觉在纸上盲写，前后竟写下65万字！"我白天是奴隶，晚上是王子。"木心说。在这个世界上，王子要比奴隶更接近美，更有尊严来谈论美，但当时的木心是被囚禁的苦难王子啊，美在引领和支撑他，他也在感动和培育美。更加可敬的是木心在存世的文字中没有声嘶力竭，没有血泪控诉，他广博至沉默，温润至舍身化玉。

不是没有想到过死，木心说："平常日子我会想自杀，'文化大革命'以来，绝不死，回家把自己养得好好的。我尊重阿赫玛托娃，强者尊重强者。"以死殉道是一种强，以生殉道也是一种强，生应该比死更美更强。美不仅仅是春风化雨，它在苦难时更可成为护心护灵魂的"宙斯之盾"。木心说，文学是一种信仰，护佑他渡过劫难，最后终于"一字一字地救出自己"。文学为什么能够成为一个人的信仰，因为它美、它真、它善，它唤起的是更广博的爱，而不是更尖锐的恨。

1982年，木心旅居美国。在纽约，他给一帮年轻的艺术家讲"世界文学史"："风雪夜，听我说书者五六人；阴雨，七八人；风和日丽，十人。我读，众人听，都高兴，别无他想。"在木心这里，美从来都不是独享。美的生命在于传播流转，在于一种美带来更多的美。其中听木心"说书"的陈丹青将其整理成逾40万字的《文学回忆录》于2013年出版，堪称一部脍炙人口的美之巨著。在此书出版前的2011年12月，木心叶落归根，逝世于故乡乌镇，享年84岁。

木心生前说："美学是我的流亡。"他终于在故乡乌镇结束了这漫长的流亡，他的美的思想和创造也终于在这里扎下根须，而且必将成为一株不朽的大树、不可错过的大树，直至蔚然成林，大美于天地间。

坐在草坪椅上飞翔

拉利·沃特是少数几个最终实现自己梦想的人之一。虽然听起来很难相信，但这是一个真实的故事。

拉利·沃特是一个卡车司机，他的梦想是飞翔。高中毕业时，他参加空军，希望成为一名飞行员。不幸的是，近视让他的梦想落空。他唯有经常坐在家里的后院，仰望从头顶飞过的飞机。梦想着能奇迹般地飞起来。

一天，拉利有了一个主意。他去当地的陆海军剩余物资商店，买了一罐氦气和45个气象气球。这些气象气球充满气后可以超过4英尺宽。

回到家里，拉利把草坪椅固定到吉普车的保险杠上，再把气球系到草坪椅上。然后用氦气膨胀气球。他准备了一些三明治、饮料以及一把猎枪。这把猎枪是准备返回地面时，用来打爆气球的。

一切准备就绪后，拉利坐上椅子，砍断了系在吉普车保险杠上的绳子。他的计划是稳当地、慢慢地飘离地面，上升至几百英尺的高度。但事情并不像他设想的那样。

当他砍断绳子时，他和他的装备马上像冲出炮膛的炮弹一样，快速上升到 11000 英尺。他有些害怕，但又不敢冒险放掉气球里的气。这回，他真正经历了飞行。航行了整整 14 个小时，完全不知如何着陆。

最后，拉利飘到了洛杉矶国际机场上空。一名驾驶着飞机正准备着陆的飞行员通过无线电向地面报告，有一个坐在草坪椅上的家伙飘在 11000 英尺的高空。

夜幕降临，拉利飘到了大海上空。海军接到报告，马上派了一架直升飞机去营救他。但螺旋桨刮起的风把他和他的装备吹得更远，营救队很难接近他。最后，他们悬停在他上方，放下一个救援梯，让他攀在上面。

一回到地面，拉利就被大批媒体记者包围住了。一个电视台的记者问他："先生，你是一位了不起的勇士。但你为什么要这么做呢？"

拉利呵呵一笑，然后答道："一个人不能只是坐着吧？"

孵化奇迹的保温箱

19 世纪 80 年代前，法国新生婴儿的死亡率非常高，平均每 5 个新生婴儿中就有一个在学会爬行之前夭折，而那些早产并且体重不足的婴儿，死亡率则更高，75% 的这类新生儿因为体温过低，会在几周内死亡，满心的期待，换来的却是无可奈何悲痛离别，这让许多年轻的父母痛苦不已。

斯蒂芬·塔尼是巴黎妇产科医院的一名年轻医生，这家医院主要是为住在城市里的贫困妇女们提供住院接生医疗服务，该院在当时的法国属于贫困、弱势的"二流医院"，无论在硬件设备上还是软件技术上，都无法与法国一流的大医院相媲美，而塔尼也只是该院里一个资质很浅的"二流医生"。

但和同事们的冷漠与得过且过相比，塔尼却相当善良和"有抱负"，每次看到早产的新生儿夭折时，他都非常难过和自责，觉得自己作为一名医生，没有尽到保护婴儿的责任。而实际上，这是一个全球性的难题，受当时整体医学水平的限制，普遍发生于任何一家医院里，跟他个人没什么关系。

可强烈的责任感让塔尼下定决心，一定要攻克这个"只有大医院、医学博导们才有可能攻克的难题"，拯救新生的早产儿。他的这个抱负曾一度被同事们拿来当笑柄，"因为实在是太自不量力了"。可塔尼却始终坚信有一天能实现，并时刻将此事记挂在心头。

1978年冬的一天，塔尼带着3岁大的女儿去巴黎动物园里玩，当他走在动物们之间时，无意间发现了一些小鸡孵化器，看着刚刚孵化出来的小鸡，待在温暖而舒适的孵化器中活蹦乱跳时，塔尼突然灵光一闪，兴奋不已，觉得自己找到了一把救助早产新生儿的"钥匙"。

几天后，塔尼将巴黎动物园里的家禽养殖员奥迪·马丁请了过来，请他帮自己制造出一个"大的小鸡孵化器"，并将其命名为"育婴保温箱"。为了保证安全，该保温箱并未采取用电供暖，而是通过向外层里不断注入热水，来维持内部的恒定温度，确保放入其中的早产新生儿能始终生活在一个温暖舒适的环境里，不会因为体温持续走低而丧命。

之后，塔尼说服了一些早产新生儿的父母，请他们同意将孩子放入到"育婴保温箱"中去。一年下来，有500名早产新生儿住进了塔尼的"育婴保温箱"中，其死亡率一下子由之前的75%大幅下降到32%！

这一结果，让塔尼激动不已，他开始游说巴黎市政府，要求推广他的新发明，后者终于被说动。2 年后，巴黎市政府要求全巴黎的妇产科医院都要配备这种"育婴保温箱"，3 年后，塔尼的"育婴保温箱"在法国普及，后来又走向全世界。

由于"育婴保温箱"对挽救和保护婴儿的健康有着极其重要的价值，带给了无数早产儿生的"奇迹"，其作用超过了 19 世纪的任何一项发明。塔尼也被人们赞誉为"早产儿的救世主"。

今天，改进后的"育婴保温箱"还新增了氧气辅助和其他先进的功能，早产儿的家人再也不用担心失去孩子了。

谁都可以有梦想，谁都可以有抱负，千万不要因为自身的平凡和世俗的嘲笑而放弃心中的梦想，做一个有心人，坚持下去，也许你就是下一个创造奇迹的"斯蒂芬·塔尼"！

把生命中的痛苦变成收获

　　她从小就是一个倔强的女孩，有老师说她的骨头太硬，不适合练舞蹈，但她偏偏不相信命，十岁那年，她硬是缠着母亲把她送到了舞蹈房。

　　母亲见她那么热爱舞蹈艺术，为了给她一个更好的学习环境，就从老家内蒙古搬到北京，这个很多人开启梦想的城市。

　　在北京她练习得非常刻苦，因为她心中充满着对舞蹈艺术的憧憬。1999 年，十几岁的她就考入了中央民族大学舞蹈学院中专班，粉碎了老师对她不适合练舞蹈的评价，她内心的执著和热爱弥补了她身体的欠缺。

　　多年以后，她在做客央视《向幸福出发》节目时，谈了一件往事，让我们看到一个柔弱女孩的强大内心。

　　在中央民族大学，她拼命地练习舞蹈，对每一个细节都要求完美，有了好的基础以后，她打算到更高的舞台上展示自己。

　　那时，国内最高规格的青少年舞蹈大赛"桃李杯"正在招募选手。经过学校的层层选拔，她和一个好朋友被选中了，而且是种子选手。为了给她创造一个更好的练习环境，学校特批了一间教室作为她的练功房。对于这种超福利待遇，她没有独享，而是邀请这个"既是朋友又是对手"的朋友一起来练习。

可惜造化捉弄人，在最终审查的前两天，她的韧带断裂，辛辛苦苦练了一年，在最后关头出现这个状况。节目中朋友回忆说，以她当时的水平摘金夺银几乎是十拿九稳的事。

这样一件事，放在其他女孩身上，肯定会感觉天都要塌下来了，但她只是默默地承受，一瘸一拐地回到宿舍以后，什么也没说，同学都没看出她情绪上有任何的变化。

看着同学在审查过程中的精彩表演，她心里在流血，但手使劲地挥舞，微笑着祝贺同学成功晋级。

这次的意外，并没有阻止她梦想的延续，反而激发了她的闯劲，后来她势如破竹。中央民族大学中专班毕业后，2003年考入北京舞蹈学院民族民间舞系，同年获得第七届"桃李杯"舞蹈比赛民间舞表演银奖，她如愿以偿地获得了一个梦碎梦又起的奖杯。

2007年于北京舞蹈学院毕业后，她在舞蹈界开始崭露头角。2010年，她应邀参加央视春晚，在舞蹈《跳春》中担任蒙古族领舞。2010年，第16届亚运会开幕式，在舞蹈《辽阔的草原》中担任领舞。2011年，参加第九届全国少数民族传统体育运动会开幕式，在《大漠鸿雁》中担当领舞。2012年在央视春晚《中国美》任蒙古舞领舞。

她叫赛娜，一个内心坚强的26岁蒙古族女孩。面对成绩和困境，她在《向幸福出发》节目中，微笑着说："正是那次受伤把我的心练强大了，生命中的小坎坷、小痛苦都变成了一种收获。"

其实，心是飘过山头的一朵云，无论是化成山林中的绵绵细雨，还是闲庭信步漫过山尖，都是生命的一段历程，经历着收获着，让自己更强大、更有力量，更能抵挡住未来的风雨侵袭。

用所有的乐观，去面对生活

迈克做了保险推销员以后，才知道这个在别人看来很轻松的行业其实并不轻松。他做推销员已经半个月了，可是却连一张保险单也没做成，尽管他已经非常努力了。

迈克很沮丧。那天，他又奔波了一整天可仍是一无所获。天已经黑了，刮着冷风，空中还飘着雪星子。他的身上只有5美元了，这是他最后的5美元。"再不卖出保单就要饿肚子了！"迈克摸摸口袋里的钱，产生了放弃的念头，"还是去工厂上班吧！干一天就会有一天的工资。"

迈克决定明天就辞职，他再也不愿意当推销员了，他觉得凭自己的能力是无法成为一名合格的推销员的。在这一刻，迈克突然有些放松了下来，他想要花掉这5美元，然后明天就安安心心地找个工厂去上班。这时，他不经意地看到面前有一家小咖啡馆，这是一家很小的咖啡馆，它坐落在一幢大厦旁，里面只有三张桌子，一个50多岁的妇人守在店里。

迈克想要来一杯热咖啡暖暖身体。他走进咖啡馆，坐在一个靠墙角的位置，要了一杯咖啡和一个三明治。几分钟后，那个妇人满脸笑容地把热咖啡和三明治端到了他的面前。她的笑脸让迈克觉得特别温暖，他也微笑着问那妇人说："你的生意一定很好吧！看你这么开心。"

"生意好？天哪！你怎么看出来的？"妇人爽朗地笑着说，"实话说吧，你是我的第一个客人。今天是我第一天营业，直到现在我才等到你这样一个客人，你觉得我的生意好吗？"

"是吗？"迈克有些不以为然。他甚至觉得这个妇人不是一个诚实的人，如果真是她说的那样子，她哪能笑得这么开心？

"很多人都说我在这座大厦下面经营这家小咖啡馆是不会有生意的，但我不相信，你看，我的第一个客户也就是你，现在不是到来了吗？我相信只要我能够乐观地面对每一天、每一刻，像你这样子的客户总会一个个多起来的！"妇人一边擦拭着其实并不脏的桌子一边接着说，"无论多少时间没有客人光顾，我都不会沮丧难过，我只是用我所有的乐观去面对即将来到的客人，哪怕他只要一杯咖啡！"

迈克若有所思。确实，无论有过多少次失败，又有什么关系呢？只要乐观地去面对可能会有客户出现的每一刻，成绩总会到来。迈克原本打算明天就辞职，但此刻，他决定取消这个念头。

第二天，迈克再次拿着保险材料走上了街头。与往常不同的是，他的脸上不再是失落与沮丧，取而代之的是灿烂的笑脸。结果让他怎么也没有想到，他在那天居然一共做成了5笔单子：3个曾经拒绝过他的客户再仔细考虑了之后，决定给自己买一份保险，就相约在一起重新找到迈克，而在迈克向他们详细介绍业务的时候，又有2个旁边商店的店主临时决定买一份保险……

迈克感受到了乐观的能量！此后，他开始习惯于用乐观的微笑去面对一切，也就在这种乐观中，他慢慢地进步了。20年后的今天，迈克成为美国家庭人寿保险公司的北美区业务总监。

如今，身为北美区业务总监的迈克每次在鼓励新人们时，都会深有感触地说出这样一番话："哪怕一天只能卖出一杯咖啡，请记住用乐观的微笑去面对这杯咖啡；哪怕一天连一杯咖啡都卖不出去，也请记住，用乐观的微笑去面对即将会卖出去的第一杯咖啡！"

花胡子的新娘

她是以一种别样的美丽，走进人们视野的。英国著名的城市新娘（Urban Bridesmaid）网站，制作了一辑以"花胡子的新娘"为主题的婚礼摄影系列，画面中的女子落落大方，身着一袭洁白的婚纱，浓密的黑色胡须上点缀着各色鲜艳的花朵，给人一种震撼的视觉冲击。她就是 24 岁的英国女子哈姆斯。

哈姆斯出生在英国伦敦，父母赐给她一副姣好的容颜和曼妙的身材。小时候的哈姆斯亭亭玉立，她最大的愿望就是成为最好的时装模特，在 T 台上尽情展示自己的美丽。她很小就接受了专业的训练，10 岁就成了英国小有名气的童装模特。

可是，天有不测风云。11 岁的时候，哈姆斯患上了一种怪病——多囊卵巢综合征。由于内分泌系统紊乱引起严重的荷尔蒙失衡，她开始长出体毛和胡子，身体也变得异常肥胖。一个花季少女，长出一脸的大胡子和肥胖的腰身，这对于一个向往 T 台的女孩，无疑都是一场噩梦。她无法接受这个现实，每天抱怨上帝的不公，以泪洗面。

为了躲避同学、行人的讥笑和异样的目光，哈姆斯一度弃学，把自己关在屋子里不肯出门。她痛恨脸上的胡子，用尽各种办法脱去毛发，可根本无济于事。黏性强大的脱毛蜜蜡撕扯得皮肤钻心地疼，却还是无法让这些可恶的家伙走开。她想到了自杀，一天她趁着家里没人，打开了管道煤气，等被发现的时候已经奄奄一息了。

父母看着哈姆斯的样子，不断地宽慰她。朋友们也经常找她聊天，帮助她摆脱心理阴影，但哈姆斯还是沉湎在极度的失落与自卑中无法自拔。15岁那年她再次选择了割腕自残，爱极生怒的爸爸发火了，对她吼道："哈姆斯，你把用来自杀和自残的手段，用在改变人生上，你会过得更好！"爸爸的话给了哈姆斯当头棒喝，她开始重新审视自己。

她慢慢开始接受自己的胡子，暗自思忖：也许这是上帝对我的一种考验吧，我不能向命运屈服，我还要做那个最好的自己。哈姆斯不再怨天尤人，开始乐观地直面生活，完成了学业，并在一所小学当了一名助教，重新融入了社会。

2013年的一天，哈姆斯在网上看到一则消息，第12届世界胡须锦标赛要在美国新奥尔良市举行。这个消息点燃了她内心已经快要熄灭的火种——"做不了时装模特，就去做胡须模特，我要参赛"。她的这个想法得到了家人和朋友们的一致支持。她远赴美国参加比赛，成为150多名参赛选手之中唯一的女选手，获得了优胜奖。

正是这次比赛，哈姆斯引起了英国著名摄影师路易莎的注意，哈姆斯那种别致的美深深地打动了她，这正是她苦苦寻找的特型模特。

哈姆斯起初不敢相信这一切，继而喜极而泣。那扇已经关上了的门，突然之间打开了，她的梦想在经历了巨大的痛苦之后再次起航。

之后，哈姆斯参加了多次时装秀，她的乐观和自信，打动了无数的人。2015 年，路易莎专门为她量身打造的"花胡子新娘"婚礼摄影系列，一经推出，瞬间爆棚，点击量超过千万并被全球各大网站纷纷转载。哈姆斯以独特的风貌一举成为炙手可热的特型模特，命运让她经历了最痛楚的磨难，又给了她最美好的报偿。

上帝是公平的，你想要最好就一定会给你最痛。最好与最痛是一对纠缠在一起的双生子，勇敢地闯过去，你就是人生的赢家。

走惯了崎岖，才有机会攀到顶峰

　　四年前，美国迈阿密一个名叫埃克斯·威尔逊的小伙子从计算机专业毕业后，先后更换了五六份工作。他编写过程序、当过推销员、玩过股票，甚至还开过酒吧，不过每份工作他都干得不是很顺心。埃克斯太坚持自己的想法，他编写的程序总得不到上司的认可。即使和陌生人聊天，他也有说不完的话，这让老板感到恼火，认为他在浪费时间。两年前，崇尚自由的埃克斯自己创业，开了一家酒吧，由于经营不善，支撑了不到一年就关闭了。

　　工作接连碰壁，首次创业失败，在之后的半年时间里，埃克斯天天沉迷于酒吧，不再出去找工作。身边的朋友都以为他对生活失去了信心，但埃克斯自己心里明白，"沉沦"是为了更好地创业。原来，他认定开酒吧最适合自己，便暂时关闭酒吧，待重整旗鼓之后再开业。

　　埃克斯喜欢新奇的玩意，酒吧开业之初，雇来几个年轻的调酒师，每天推出一两款新奇的饮料或酒，可是，没有几个顾客愿意去点这些口感独特的饮品。他始终坚持主推新颖的产品，越是这样，顾客就越少，最终，几个调酒师不得不离开酒吧。

埃克斯分析，要想经营好酒吧，就得让顾客接受店里的那些新鲜玩意。这谈何容易，一个人的喜好怎么会轻易发生改变？他曾试过降低那些新奇饮品的价格来吸引顾客的眼球，结果仍然无济于事。

一天下午，百无聊赖的埃克斯趴在电脑前，总结这几年来都学到了什么东西。程序员、推销员、股民、酒吧老板，他漫不经心地一边念一边写。写着写着，他突然冒出了一个灵感：要是饮料的价格也像股票一样时涨时跌，顾客进门就会受到价格的诱惑，就不一定去点自己喜欢的东西了。做到这一点，只需编写一个程序安装到酒吧里就可以了。

接下来的半年时间里，埃克斯白天逛酒吧，晚上伏案编写程序。他通过调查发现，几乎所有酒吧的老顾客都喜欢点自己日常喜欢的饮品，至于那些陌生的饮品，他们几乎看都不看。

一段时间过去了，一款名为"股票式点酒"的程序终于诞生了。埃克斯给酒吧安装了这一程序，并再次开业。他的酒吧每天开业就像股市开盘，所有的饮品都会有一个开盘价，显示在墙壁上的电子屏幕上。随着客人点饮品，电子屏幕上的价格开始不断发生变化。哪款饮品点的人多，价格就会上涨，反之，饮品愈冷门，售价愈低。当其中一种饮品的价格上涨的厉害时，其他的品种就会相应下跌。

别说，埃克斯推出的这一古怪定价法，还真吸引了不少消费者前来光顾。由于饮料单上的种类很多，多数顾客到酒吧时会先尝试基本的饮料。点的次数多了，他们会发现这些东西的价格在不断上涨，于是，他们就把目光瞄准价格排名靠后的新奇饮品，点上一杯试试口味。如此一来，以前销售量排后的饮品迅速飞跃，成了销售排行榜上的前几名。

有趣的是，顾客的情绪也不断随着电子屏幕的价格变化而起伏。"哦，我的天，要是推迟三分钟再点这种饮品，就花三分之二的价钱了！""看来，我今天的运气不错，这种酒既便宜，口感又棒！"顾客们嬉闹着，但谁也没有因为比别人多花或少花钱买同一种饮品而感到懊恼或庆幸。

安装了这个程序后，埃克斯的酒吧知名度人人提高，每天的销售额都是原来的200%，有时还要更多。当然，他创造的还不只是这些财富，迈阿密不少酒吧的老板慕名前来，花重金请他也给自己的酒吧安装上"股票式点酒"程序。埃克斯爽快地答应了，先后为30个同行安装了这一程序，从中赚得了不菲的报酬。

不少人好奇埃克斯这次创业怎么如此成功，他笑着说："失败在所难免，我只不过把前面几次的失败好好地总结了一下，去掉弱点，结合优点，这才有了今天的小成就。"

是的，人生就像江河流水。当流水遇到更大的石头时，它就知道该怎样去击打石面，才能溅起最美丽、最精彩的浪花！

我们都在努力，只是方向不同

在我才入行的时候，公司同时招了三个实习生，我，阿米和老朱。小公司，十来个人服务四个项目。我们三人作为助理各参与其中一个不是很重要的项目，我们每天所做的事情，不过是接接电话、传达下工作单、开会时旁听并记录会议纪要而已。我们三人常常在一起抱怨工作的无聊、领导的吹毛求疵、在上海生活的艰辛。我们偶尔也会聊聊理想。是啊，作为独自在上海打拼外地人，如果没有理想支撑，如何能熬过最初的艰难岁月呢！

老朱是我们之间唯一的男孩子，他的理想是，五年之内做到总监。他信誓旦旦的说，你们放心，我一定会做到！那时候，在我们的眼里，总监是多么的高不可攀，不易到达。我和阿米跟他开玩笑说，如果他做到了总监，我们就到他手底下干活儿，这样就不会再受到白眼和欺凌了。

阿米的理想是嫁一个知冷知热、真心对她好的人，前提是他能在内环内首付一套房子。阿米来自四川某山区，在她眼里，能定居在上海，已算是出人头地。

我那时候还不知道自己要什么。唯一能确定的是，我讨厌为一日三餐绞尽脑汁，讨厌住屋子里没有卫生间的昏暗老公房，讨厌买点零食都要算计半天。我认为我的心思应该花在重要的事情上，然而什么是"重要"的事情，我却不知道。阿米和老朱帮我总结：对于你现在来说，最重要的事情就是，需要赚更多的钱，来支撑优渥的生活！我想了想，点点头回答说是。

几个月之后，老朱服务的项目炒掉了我们公司，公司将重要的人员进行了重组分配，将不是很重要的人员如老朱等辞退。老朱走的时候，我们三个人一起吃了饭，老朱说，就算公司不炒他，他也打算走了。因为在这样朝不保夕的小公司，没前途！

老朱的话我听了进去。我仔细"算计"了收入和支出，发现继续待在这家公司，两年内无法改变现有状态，于是在来年的春天辞职，跳到了一家以加班为特色的大公司。阿米还留在原来的那家公司，只是从策划转到了销售岗位。

之后的两年，我经历了一个人单独做七个项目、一周上七天班七天都在加班的状态，我的专业能力和薪水节节攀升，我也过上了住好房子，吃好东西，月薪略有盈余的日子。然而无止尽的加班带来的最严重后果是，我的身体出现了状况，头晕耳鸣并在一段时间内出现了幻听。有一天太过疲倦，我从楼梯上摔了下来，虽然没什么大事，但也在病床上躺了整整一周。我以为我可以休息一下了，哪知我的领导说：项目是你跟的，别人一时也接手不了。你现在摔坏的是腿，不是手，只要还能坐起来，就把笔记本带到医院，坚持做。我自然不肯，还为此委屈的哭过。领导想了想，决定再给我加两千薪水，让我把工作坚持做下去。为了那两千块，我当时——从了。

从医院出来之后，我又做了半年，这半年，想了很多。想的最多的是，我要的究竟是什么？如果为了这点薪水，就把命搭上去，实在不划算。由此，我第一次仔细的思考了我所从事的行业。这个行业，想要做的好，就只能付出比别人多十倍的努力。我是传统的一个女人，婚前可以以工作为重，但婚后必然会将大部分时间给予家庭。继续从事这个行业，家庭无法兼顾。这不是我想要的，那么，这个行业不是我的唯一。也就是说，我需要给自己更多的选择。

之后辞职，找到一家业内排名中上的公司，凭借着之前的工作经验做了主管，其后又逐步升到了项目经理、部门经理。在这几年的时间里，学了心理学，考了国家二级心理咨询师，并陆续经朋友介绍承接一些业务。空余时间也会写写稿，帮朋友的杂志写几篇专栏、跟新加坡的编剧合作写剧本。可以说几条线同时在发展，时间均匀分配，虽做的不是很好，可也算游刃有余。在这样的努力下，我越发的有底气，不再迷茫，并认为自己在现阶段已经寻找到了我想要的生活——凭着自己的努力，在人生的特定阶段做特定的事情，不盲目求快，不贪多，不紧不慢，一步步许给自己一个未来。

在这几年的时间里，阿米嫁了人，房子在上海、老公在身边、宝宝在肚子里。老朱成了一家公司的总监，带了十几个小弟。再打电话，阿米会跟我抱怨老公工作太辛苦，常常半夜三更回家，让她好不担心。老朱会跟我抱怨现在根本就是88、89、90后们的天下，这群人实在太难管，经常沟通不力。然而除了抱怨之外，我们再也不谈理想，谈的更多的是房子车子和压力。我从来没问过在这个过程中他们都经历了些什么。我知道，要想得到，必然得付出十倍的努力，他们在这个过程中的艰辛，不会比我少。我想，他们都跟我一样，已经确定，很多时候，理想只是一个方向，无论你有没有理想，你的理想是什么，都不重要。重要的是，你知不知道你想过什么样的生活？你有没有为此而努力？

或许有的人会说，我已经很努力了，但是距想要的结果还太遥远。我只能说要么是你订的目标不对，要么是你努力的姿势不对，要么是你根本不够努力。"我们要多努力，才能看起来毫不费力。"这个过程中的艰辛，只有努力过的人才知道。而只有你爬到了山顶，整座山才会依托你。

拼命努力，成为更好的自己

无论经历过什么都是经历，

你也会有属于你的经历。

用自己的方式提醒自己：

向前，向上，永不止步！

拼命努力，成为更好的自己

我在大学时并不是一个特别能出风头的人，更多时候我喜欢钻进自己的小世界里。大学期间最喜欢的是画画、听广播以及写字，这三个爱好有一个共通点，就是不需要直面和人打交道。

虽然学的专业是服装设计，但我的梦想却是成为一名漫画家。我在学校组织的社团就是关于画漫画的，那时候自己有点投稿经验，所以当时召集新人加入社团，办活动、画海报，都是亲力亲为，而且忙得不亦乐乎。

我的文字功底还好，唯一的问题是，我只能写自己的故事，不太会编。

广播情结是从小就有的，只是大学的时候开始泛滥，头脑一热还去了学校广播站。后来阴差阳错地去了当地的电台做了几期嘉宾，一毛钱报酬都没有，还要自掏车费，不过自己依旧玩得不亦乐乎。

所有这些让自己开心、娱乐、丰富的爱好，都在毕业之后土崩瓦解，差一点儿就灰飞烟灭。

毕业的第一年，我为了对得起自己四年所学，做起了服装设计工作，但是在经历了枯燥的设计、重复的流程和抄袭严重的市场打击之后，决定彻底放弃所学，只是那个时候我把转行这件事看得太简单了。

我以为我有这么多爱好，总能找到一个适合自己长处的工作。

可谁知，这一找就是七年。

七年里，我从原来的设计师变成了后来的杂志编辑、图书策划、广告人、公关公司执行。其间，为了生计，我还兼职做过电视栏目编导、小说连载作者、配音演员、话剧演员、电视剧编剧、插画师。

那时候为了努力赚钱、缴房租、还外债，为了让自己可以过得更好一些，我在不断接各种兼职的过程里拓宽了自己的爱好，我就好像一个小陀螺，不停地旋转，不停地奔跑，不敢在一个地方停留太久。我不断对自己说：技多不压身，只要有机会你为什么不去试试？

我的自信坍塌于毕业四年后的一次大学同学聚会。聚会的理由是我最好的朋友结婚，她好心地把同一届的朋友放到了一桌。那天晚上，我如坐针毡，昔日同学见面不可避免地会问起，现在混得怎么样？收入多少？买房了吗？……

那一堆人里有毕业之后转行做了室内设计薪水过万的；有结婚后在北京买房的；有职业发展不错步步升迁的；有明确打算

自己开公司的。和他们比起来，我似乎还是大学时代那个看什么都感兴趣，带着一双好奇的眼睛看世界的毛头小子，拿着每个月三千出头的工资，做傻小子闯世界的美梦。

那晚，我又羞愧又自卑。第一次意识到，这几年我一直在忙碌，却不知道为什么忙；我没有职业规划，只有一份饿不死的工作和大量的兼职机会……我一直以为自己活得不像他们那样落入俗套，却最后才发现其实最可笑的是自己。

我第一次受困于自己的爱好而找不到前进的方向。

接下来的两年，我逐渐缩小了兼职的范围，放弃了电视领域、剧社和写小说，逐渐集中在了人物专访上，在娱乐圈试水了一把就跨入了广告公司，之后辗转来到了现在的企业。

31 岁，还没有找到人生的目标，不知道未来自己适合走哪条路。之后我开始思索，自己想突出的是什么？

一个人可以爱好广泛，但是肯定不可能百花齐放，我不是天才也不是神童。老天让我接触那么多的领域和行业，其实就是希望安抚我这颗易动的心，让自己告诉自己，其实那些不适合你。

可能我之前浪费了太多的时间，导致我已经没有机会可以做一个专才，那么就努力在自己看似全面的这些爱好里寻找一个适合自己的长项，并且集中力量打造它！

我第一个下手的是文字。我觉得它是我目前可以把握以及可以提高的东西。我把过去书架上的小说、散文统统丢掉，开始买人物传记、关注心灵成长的杂志、图书等，我打破了原有的阅读范畴，每个月读 15 本杂志、4 本书，看到不错的题目、稿件、策划就标注出来。我之前从来没有记笔记的习惯，但是开始学着去写总结，学着归纳一本书里自己觉得最大的看点，一本好的杂志选题策划里自己觉得最成功的地方。

我开始有计划、有目的地提升自己的采访水平，每次做人物专访需要看 10 个小时的视频采访资料，7 万字左右的文字资料，全面了解和解析这个人物之后，再逐渐列出主线与关键词，绕开之前提及最多的问题，有重心和侧重点地圈出本次采访的几个重点。

很多事情其实都不难，最怕的是你不用心。

我记得我进公司才满一年的时候，遇到的第一个任务就是主持年会。害怕面对舞台、面对人群的我，内心非常忐忑。为了克服自己登台前的紧张，我托朋友找了份婚庆司仪的兼职，通过十几次的婚礼主持，来克服自己上台的紧张感。第二年的年会主持，那份害怕与畏惧已经减少了一半。

很多认识我多年的老朋友都会很诧异于我这几年的改变。我有时候也在想，自己是不是真的变得太多了？我放弃了画画，放弃了很多爱好，我开始变得理性、有逻辑、懂克制，这些和早年那个天真烂漫、随心所欲的自己真的大相径庭，但是这不就是自己想要的改变吗？

世间没有舍，哪有得？你不放弃一些，又怎能得到一些？

我用了七年的时间去寻找和放逐，用了四年的时间来提取、修正和改变，或许到现在我也不敢说自己有什么过人之处，但是至少我找到了自己的定位和为之努力的方向。

无论经历过什么都是经历，你也会有属于你的经历。我是一个喜欢总结的人，并且通过总结来反思自己，或许你也有自己的总结和反思方式，总之，用自己的方式提醒自己：向前，向上，永不止步！

没有人能一直帮你，除了自己

朋友从外地来我所在的城市发展，我知道消息的时候，她已经坐在了一家小饭馆里等我。

我责怪她不早告诉我，好让我去接站，帮她拿东西。她笑着说不想给我添麻烦。我问她："还没住的地方吧？等会我陪你去找房子。""不用了，来之前我已经在网上查了这附近的一些信息，吃完饭我自己去就行，这样我也能在找房子的过程中熟悉一下环境。再说你这么忙，能赶来陪我吃顿饭就已经很感激了。"

吃完饭，她从桌子底下拿出一个很大的旅行袋放在一个大旅行箱上，然后又挎上沉甸甸的包，有些蹒跚地向外走去。

我过去帮忙，她拒绝了，看见我满脸的不解，她解释道："别误会，不是不希望你帮忙，而是你能帮我一时，却帮不了我一世。你若是帮我暂时减轻了负担，我心里就容易产生依赖，但没有人能够一直帮我，要是形成依赖别人的习惯，我就很难有勇气和信心去面对未知的一切。"

她的话我无理反驳，可是看她这个样子，我心里很不是滋味。还在犹豫时，她给我留下一个灿烂的笑容，然后挥挥手，头也不回地走了出去。接下来的场景，我久久无法忘记——纤细瘦弱的她吃力地拉着旅行箱缓缓地向前走着，两件行李加起来的高度几乎要和她的身高一样了，挎着的包还沉甸甸地将她一侧的肩膀向下压着。

骄阳似火的 7 月，即使什么也不拿，也热得受不了，何况她这样？我很想去帮她，但想起她坚决的态度，我知道这个独立坚强自尊的女孩子绝对不会让我帮忙。

节俭惯了的她不舍得花钱寄存托运行李，也不愿意给我添麻烦，但不敢想象她这样步履蹒跚的一个女孩子在这偌大的城市里，顶着炎炎烈日找房子要承受怎样的艰辛。

然而，没想到的是这只是她所经受的艰辛的开始。后来，她给我打过几次电话，声音一次比一次疲惫，不过每次都告诉我好消息，比如她找到房子了，有了工作，又认识了很多新朋友等等。

后来，才得知，刚开始和她一起合租的小夫妻刻薄阴险，没少给她气受，因为没钱，换不了房子她只好忍耐着；工作强度大经常加班，累得在地铁里站着都睡着，身体虚弱得和纸片一样单薄；过节一个人蹲在房间里吃泡面……可即使这样，她也没有抱怨和"麻烦"过我。

过了大半年，她约我吃饭。这时候的她已经在这个城市里站稳了脚跟，换了更好的住处，跳槽后的工作也干得风生水起，重新有了人脉圈子。

聊起曾经的种种，她红着眼圈对我说："最难的时候我真想找你，你是我在这个城市里最信任的朋友。可是我知道这点困难都要依赖朋友的帮助和保护，那么以后永远都会缩在别人身后，得不到成长！你鞋子接触过的地面，才是你真正走过的路，你踏出的每一步，以及迈出这一步之后所经历的艰难和生活给你的感触都是属于你自己的，这一步步虽然走得艰辛，但走得踏实，也一定会走得更远。"那一刻，望着貌似娇小柔弱的她，我敬佩不已，她看似瘦弱的身躯里有着怎样一颗强大的心灵啊！

我们都曾怯懦过，我们都曾胆小过，我们都希望有人替我们遮风挡雨解决所有难题。可是我们从来没有想过，一旦我们鼓起勇气，不依赖任何人，不管前途多么艰难，都无所畏惧地走下去，那么我们必将得到成长，并且收获到生活的馈赠与生命的美好。

只有努力，才能弥补差距

今天是决定实习生们谁留下的日子，我特别不愿意通知人离职，所以一般能留下的我就都留下，但是经济不好，岗位也没那么多空缺，注定四个实习生只能留下两个，另外两个必须走。跟领导商量以后，留下了小 A 和小 B，他们一个从高中的时候就开始给各媒体投稿，发表作品比较多；另一个大二就来公司实习了，实习时间比较长，已经能独当一面了。

上午跟另外两个实习生谈离职的事，一个跟我说了自己的优势——在新媒体推广方面有点心得。我想了想，问了问朋友，正好有个新媒体推广的实习生职位，中午就推荐他去面试了，他说下午收拾了东西，明天直接去那边实习。我叮嘱他一些注意事项，送了他几本书，让他走了。

最后一个实习生的表现完全出乎我的意料，他向我絮絮叨叨地讲起他的经历：他家不是北京的，他没有关系可托；他刚实习没多久，还没什么经验做不了别的工作；另外他马上就该写论文了没时间找工作；还有就是他没发表过什么作品，出去找工作没有竞争力；还不忘提到他念的那所大学不是什么名校，别的单位不给机会；最后是他父母都是普通人，他不是富二代不能没有工作。他痛心疾首地说半天，最终总结就是：我让谁走，也不能让他走。

我问他有什么打算，他跟我说，我留下他，他去单位宿舍住，然后开始在北京打拼。我认为他误会了，我问的是，我不留下你，你的打算。他说他没想过我不留下他，他这么可怜，我怎么能不留下他。

我问他为什么没有提前找单位实习，他说一直在学校好好学习来着。我又有疑问了，好好学习，你一中文系的怎么没发表过什么作品？他说宿舍同学都打游戏，学习氛围不好。我说销售那边也缺人，要不我推荐你过去试试。他很坚定地告诉我，学中文的，干不了销售。我只好说我们现在没有职位空缺，有了我再通知你吧！

送走这个实习生，我想到了自己小时候。那时我们家离学校特别远，班上有个女孩她爸爸开车送她，她老是比我早到，老师也总是夸奖她，我就特别希望我也能早点到校。我跟我爸说让他送我，他不愿意。我让我妈搬家到学校附近，我妈也不愿意。我特别沮丧，直到爷爷说了一句"路远就早点出门"点醒了我。于是，每天上学我都提前出门，果然次次都在那女孩前面到学校。后来很多时候，我陷入被动的时候，都会想起这件事。我语文成绩不好，我就多读书。我上的学校不好，我就早点开始实习。我没关系，我就在工作上表现出色。用我自己的努力，弥补跟别人的差距。

留下的两个实习生里面，大二就来实习的那个男孩，他只是趁暑假大家都在打游戏的时候，决定每周用三个半天的时间来实习。我通知他入职的时候，他很高兴，说其实当年来的时候没想那么多，就是觉得可以试试而已。下午他给我发了这样一段话，我很有感触：

当你老了，回顾一生，就会发觉：什么时候出国读书、什么时候决定做第一份职业、何时选定了对象谈恋爱、什么时候结婚，其实都是命运的巨变。只是当时站在三岔路口，眼见风云千樯，你做出抉择的那一日，在日记上，相当沉闷和平凡，当时还以为是生命中普通的一天。

做一个有本领的驯马公主

上大学时，有一位学姐让我记忆犹新。

大一时，北京的房价还很低，大学旁边的一些住宅小区只要2000多元一平方米。那时买房也便利，付个几万块首付，按揭个千把块就买了。

那位学姐拼命打工攒了些钱，又问家里七拼八凑借了点，居然一口气签下了五套小户型的合同。付清首付，简单装修后就统统租了出去，每个月靠租金不但可以还掉月供，还能给自己剩下点零花钱。

10年后，她买下的房子增值到3万元一平方米，她卖出三套，另两套房子继续留作租用，一个月有近万的房租收入，堪比高薪阶层。

她并没停下脚步，这些年做基金、炒股、投资等一些产业。由于心思细致，善于钻研，又擅长把握机会，存款一路飙升，早早跻身千万小富婆行列。

我曾问过她当初为什么那么有远见。她笑说其实她并不是一个擅长理财的人，只是她当时爱上了一个同样不是北京户口，家庭条件也不好的男生。未雨绸缪，便提前为他们的小家打算，却没想到老天爷在几年后送给了她一份大礼。

她与我们开玩笑："没有白马王子，做个白马公主也不错。因为王子随时可能不爱我，但驯马的本事却永远属于我。"

有次看球赛，天降大雨。北京工人体育场门口有个卖一次性雨衣的姑娘起劲儿地叫卖。我买了雨衣，顺便与她聊了几句，她居然还是个大学生，很实在地对我说雨衣的进货价很便宜，一块钱一件，卖十五块两件，两个小时可以净赚五六百块。不下雨的时候她就卖荧光棒，也能赚个几百块。

我看她在雨里冻得哆哆嗦嗦，问她为什么这么拼命赚钱，很缺钱吗？她说她是农村出来的，家里有三个妹妹都在念书，全靠她一个人供，她平时还兼着几份工。我问她是否谈恋爱了，她说听我家这情况，哪个男生敢跟我一起承担呢？我说那真是遗憾，你这么好的一个姑娘……

她眨眨眼，笑了起来："我不怕，自己有本事挣得到，给家人花得也踏实。要是真向别人伸手，欠的就不只是钱了。"

曾经的一位女领导，是我见过工作最拼命的人。几年下来不但自己买房买车，把父母也接到了北京来，安置得妥妥当当。她实在不算漂亮，身材矮小，皮肤黝黑，甚至有些男下属在背后用"丑"来刻薄地形容她。她最崇拜范冰冰，时常把那句"我不嫁豪门，我就是豪门"挂在嘴边。

有一次喝多了酒，她对我说了几句心里话。"能照顾一个女人一辈子的，除了男人，就只有物质上的实力。我不能因为没有人愿意娶我，就彻底自暴自弃，失去爱自己、爱家人的能力。"

同事的妹妹，19 岁就得了一种慢性病，虽不致死，却终生有碍于生活。没有男人愿意娶这样的她做老婆。然而我每次见到她，她都没有丝毫悲伤的表情，总是乐呵呵的，见人就热情地打招呼。

她自学了法语和西班牙语，给一些外商当翻译。业余时间她还去学绘画，在不大的家里贴满了画作，谁见了都忍不住赞叹，用色大胆，鲜丽肆意，丝毫看不出是一个身患重病的人所作。

后来有画商看上了她的画，为她办了一场画展，并且销量相当不错。从此她正式涉足艺术圈，身价倍增，有男人开始追求她，声称完全不介意她的疾病，只爱她的才华，希望照顾她一生一世。姑且不论她是否会接受这爱情，结局又是否美满，单是这份为自己打拼幸福的勇气，便值得敬佩与赞赏。

这些女孩没什么不同。不管她们是脚踩水晶鞋还是马丁靴，都会活得风生水起。

白马是本事，公主是心态，她们都是身骑白马的公主。我们从来无法决定出身，唯一能决定的，是让自己变成怎样的女孩。公主们，在等到属于你的白马王子之前，不如为自己养起一匹白马，让他觉得爱你的人之外，还有惊喜的附加值。

这不算倒贴，而是他的福气，你的退路。如果实在没有王子命，那也无妨，索性鲜衣怒马，扬鞭而去，一骑绝尘，潇潇洒洒。

总会有人遥遥指着你说——看，我也想像她一样，拥有一匹自己的白马。

别忘了，千万个你我正在奋斗

上周日是我研究生课的开学典礼，早晨 6 点半起床赶去远在 30 公里以外的中科院。我以为这个周日早晨的地铁应该是空荡荡的到处是空座位，因此做好了上车再补觉的准备。可谁曾想，到地铁口的时候，已经有了熙熙攘攘的人群和一群卖早点的小摊，跟平日里我正常上班八九点时候的样子差不多。地铁上虽然不是人满为患，但根本没有空座，站着很多人。我有些惊奇，大家都起这么早，不在家里睡觉，都要去干什么呢？

在这个城市生活了 8 年，我很久都没有在周末早早起床赶去做什么，也没有在晚上加班到深夜才回家了，因此也慢慢忘记了，在我熟睡的时候，这个城市其实随时随地都有醒着的人。我想起几年前有一次赶早班飞机，5 点钟出家门的时候，远远看到每天卖鸡蛋灌饼的小摊夫妇，正在准备他们的餐车，支起头顶大大的油腻的遮阳伞。那是我第一次知道他们到底是几点出摊的，也明白了为什么自己 9 点出门的时候，他们时常已经收摊回家了。车开过他们身边的时候，两个人聊天说笑，比起我神情恍惚的脸，他们的表情是那么清醒，又充满生活的希望。可能过不了几分钟，第一个鸡蛋灌饼就会被一位赶着上早班的年轻人买走,他们不仅仅在为自己的生存而早起,也为这个城市每一个正在奋斗中睁开朦胧睡眼的年轻人提供一点点暖和的慰藉。

我经常会收到这样的来信,那就是觉得自己不是在500强公司,不是事业单位公务员,就觉得自己的工作低贱得不值一提,甚至是在浪费生命,特别是如果自己的工作不是朝九晚五,就觉得自己特别不高级也特别不满意。我能理解这种想法和感觉,因为在大学毕业的时候,我也是这么想的。但随着年纪的增长阅历的增加,我开始慢慢审视自己的想法。比如在坐夜班飞机或者半夜落在机场的时候,那些安检人员,那些在海关检查证件的工作人员,那些跑来跑去的小地勤,我时常偷偷看他们的眼睛,是什么支撑他们选择了这样一份没日没夜的工作?如果是我,能不能在半夜12点还耐心地解释,为什么某种东西不能带上飞机?比如在大冬天拍TVC的时候要早晨4点到片场,3点半摇晃着起床狠狠地想辞职算了,但赶到片场时摄影师的老婆裹着军大衣伸手递给我暖暖的豆浆和烧饼,酒店场地的工作人员神清气爽地对着我呆滞的脸激动地告诉我一切都准备好了让我放心。慢慢地,我开始明白,那些跟我不一样性质的工作,那些需要比我付出更多时间的工作,不卑微,不低贱,他们跟我们一样重要,甚至比我们这种坐在办公室里,吹着空调敲敲电脑就能完事的工作更加重要。

不要以为自己的背景里有点看起来像光环的东西，就以为自己在这个世界很重要；不要以为自己比别人拥有更多的资源和更多一点的钱，就可以看不起这个看不上那个。这世界谁都不比谁高明多少，不信你试试早晨出门没有鸡蛋灌饼，半夜到机场厕所都没人打扫。他们的工作可能在你忙碌的生活里不起眼，但正因为他们的默默，才成就了你我安稳从容的生活。

城市的每个角落里，都充满着匆匆忙忙的人；城市的每一秒时光里，都充满着为生活而打拼的人。他们可能正在干洗店里低着头为你熨烫衣服，可能正瘫在地铁的一个角落里耷拉着头补觉，可能正为赶不上飞机心急火燎，可能正在为某一刻做错的事哭泣。他们散落在城市的每个地方，正在为自己的生活和未来默默地打拼。在奋斗的路上，每个人的灵魂与信念都是平等的，而每一份工作的背后，都是一颗正在努力的心。他们可能此刻很卑微，很不起眼，甚至被人颐指气使，但别忘了，千万个你我的奋斗之路，都曾从这里走过。

一切都不晚，未来在自己的手中

伟大的印度诗人泰戈尔说："每个婴孩的出生，都带来了上帝对人类并未失望的消息。"人类世界生生不息，每一个儿童澄澈的眼睛，都给我们无边的启示与憧憬：一切都不晚，未来在自己的手中。

作家不可能成熟，作家的心灵永远有着孩子一样的澄澈与天真。天才是永远学不会世故的人，因为没有世故的堵塞与浸染，才永远拥有诗意的心灵。岁月让大多数人走向成熟与世故，也让大多数人离天才越来越远。

如果你不能为自己的事业而陶醉，不能忘我地投身于自己的梦想，你就不要羡慕他人的辉煌，世界上没有不付出艰苦的奋斗得来的果实。

每一个人，都可以是生活的艺术家，找到自己爱做的事，选择对自己有意义的生活，然后全力以赴，你的人生必定大放异彩。

通常我们在做一件事情的时候，并没有仔细慎重地考虑，这件事情对于自己是否有意义，是否是朝着你梦想的方向。如果我们的理智是清醒的，注意身边的每一件事，选择真正有意义的事去做，用不了多久你会发现，你已经离原来的自己非常遥远了。

我从很年轻的时候就坚信，只要坚定地付出，就一定会有意料不到的收获。在世界的中心，有一场伟大的盛宴，等待着奋斗者的光临。我拿着宴会的请帖，听到了那里传来的醉人的音乐。

我们必须得承认，生活中的确存在着不可避免的痛苦和失望，没有人能够幸运地绕开它们。重要的是，当遭遇痛苦与失望时，你选择怎样的人生态度。

朋友，就是那种发现了你的优点而送上掌声，发现了你的缺点而无声包容的人。当我们用推己及人的态度去接纳别人，我们的身上，就闪耀起人性的光芒。

在我们的一生中，常常遇到那些提醒我们应该怎么做、应该做什么的人。丝毫不用怀疑这些人的好意与诚恳。但是，如果真的听从他们的忠告，你不仅仅无所适从，而且必定一事无成。人生最重要的是你自己要做什么！

我们送给别人最好的礼物，就是真实的自己，越是这样，世界越简单。千万不要尝试去扮演自己以外的角色，那样只会更累，而且会顾此失彼，漏洞百出。

"不积跬步，无以至千里；不积小流，无以成江河。"我们的每一天，有多少轰轰烈烈的大事呢？其实，都是一些看起来无足轻重的小事甚至琐事，而且，做好这些小事，我们并不需要多么大的智慧与能力，大多是举手之劳。但恰恰是这每一天的无足轻重，决定着你的一生。把这些小事做得一丝不苟，最终累积成人生的大厦；而看不起这些小事，总盼望着等待大事大显身手的人，最终必定蹉跎一生，空手而归。

常常听到这句话："谋事在人，成事在天。"其实，这表达的是对茫茫世界的无奈和对渺小自我的精神安慰。因为，即使穷尽一生，兢兢业业，也往往实现不了预期的目标，甚至半途而废。我从来不用这句话搪塞自己，也从来不预测未来，我坚定不移地相信：每努力向前走一步，我就距离目标更近！

牛顿临终前告诉身边的人，他只是一个在大海边捡拾贝壳的孩子。他在用自己的哲思给我们这样的启示：学问的大海无穷无尽，我们掌握的，不过沧海一粟，再勤奋的人，学到的不过是知识海洋边的几枚贝壳罢了。

虽然，春天开过花以后就告别了，接下来就是落红满地的凄凉，但是，我知道她一定还会再来。尽管，深夜的黑暗无边无际，但是，我坚信黑暗必将消退，清晨一定会来。

因为你还不够好，所以才能变好

2005 年的一个午后，你梳着马尾趴在窗前的书桌上，一笔一画地写着笔记。窗外是一整排的杨树，风吹过，树叶敲击出沙沙的交响乐。数学老师在讲台上写着"α""β"，这是你最愁苦的课，就算你知道这些公式在未来一点儿用也没有，可你依然无处可逃。像每一个少女一样，"中学生"三个字就是你的职业和全部标签，除了学校和家，再无任何容身之地。

你那么自卑，说话小声，不敢唱歌。你缩在宽大的校服外套里，希望不被任何人看见。所以如果当时有人告诉你，你的声音十年后会被很多人听见，你写的字会在未来陪伴很多 15 岁的青春，你一定不会相信。

但成长就是这么奇妙，因为充满了未知的惊喜，我们走的这一路，才鲜活而生动，只此一回，无可复制。

和很多人相比，你的人生并不够跌宕起伏，也没有瞠目结舌的奇迹。可是真实的，便是独一无二的。于是你喜欢听真实的故事和真实的声音，你慢慢地结束了对偶像剧的痴迷，却依然热爱童话，热爱的眼神里有单纯的光芒。

你活在一个快速运转并拥有庞大信息量的时代，很努力地不被舆论控制，不被情感操控，不被道德绑架，因为你知道所有的标签、头衔，都不是本质的你。越剥落那些附加值，你越想花力气去讨好自己，认识自己，做最原始的自己，而不需包装或假装。你不渴望迎合任何人的想象。

你经历过伤害，也受到过欺骗。可你相信生活不会自动变好，只能自己过好。

你害怕分离，却也因为分离而懂得珍惜。一路上遇见一些人，也丢过一些人。每次细数一遍，才明白失去与获得都很珍贵——你是那么感激。

你抵抗过一些软弱，在每个人都会拥有的那段不自由的青春里，在硬着头皮落泪狂奔的夜里，学会对自己说：要扛住，要沉默。你相信只有跑得更远，才能远离不够好的那个自己。

你相信青春里的汗和泪比笑更会被时间记得。

你相信缘分，相信发生的一切都有意义。你允许生活中长出刺，但得源于自己，才能勇敢拔除，去愈合，去向前。你不想接纳任何外界丢过来的痛苦，你只想捍卫心底的自由。

你选择做一个善良的人。对陌生人友好，对比你贫苦的人保持尊重，对需要帮助的人伸出手，对需要关怀的人微笑，对让你落泪的人平静，对爱你的人真心且珍惜，对离开你的人放手，对比你优秀的人祝福。

你承认，这个世界有时候很糟糕，它有点脏有点乱，也会让人流泪让人心碎。可是，你太希望这个世界能因为你的存在而多美好那么一点点——哪怕，就只有一点点。

你不想为并不那么关心你是否幸福的人，妥协于生活或爱情。你只想为此生唯一能从头到尾陪伴你的自己，博一份完美。

你去了一些远方，也向往更多的远方。你不为旅途寻找任何意义，你只是知道，远方并没有自由，只有心底才有。

你有很多心愿：想写一本温暖的书，想和每一个好朋友都能享有一趟旅行，想走遍每个动物园、海洋馆、主题公园，想知道每朵花每棵树的名字，想学好几门语言，以便去听地球每个角落的故事。你觉得世界那么丰富有趣，一万件好玩的事要做，一万种不期而遇的美好等待相逢，哪还敢浪费生命和时间，哪敢不快乐。

你不够好，却也因此，才能够越来越好。你想更努力，不辜负青春，不辜负那个曾经的自己。

就这样，终于得到了成长的馈赠，你成为一个别人眼中暖暖的姑娘，拥有很多爱和珍贵。而你想告诉那个年少的她：请你一直就这样走吧，勇敢地、头也不回地走。那个你想去的未来，总会走到的。

勇敢一点，不要害怕。

所谓的幸运，是努力燃烧时的光

小 A 是我前几年在大学城做一个品牌的校园推广时认识的毕业生。上个星期，她在一些网络平台和公众号上频繁地看到我写的文章后，跟我聊天，说："那是你吧？我一看名字和背景就猜到是你了。你不是在广告公司上班吗，怎么突然变成专栏作家了？"我说，这个只是个人兴趣，闲暇时写写而已。

小 A 好奇地问："怎么样才能成为一个专栏作家？我也想有一个平台，可以偶尔写点随笔留下点痕迹。"我说："我也是刚入门，也并没有特别的诀窍，就是多写，慢慢地找到自己的风格和特点，尝试着发布在一些开放的平台上或是自己私下投稿，等待喜欢你文字的人出现或者被编辑挖掘。"

小 A 说其实她只是很好奇，有的人可以被挖掘，是他们幸运，还是他们有这方面的门路，主动去寻找的资源？她觉得自己这方面比较闭塞，接着又问我："你是不是认识很多杂志和公众号的编辑啊？"

我说："是你自己主动走出去，还是别人主动找到你，这都不是重点。不管你处于什么样的位置和领域，你优秀了，别人自然会来找你。如果自己水平不够，再有门路也无济于事。实力是第一，门路是第二，做任何事情都一样。"

这次聊天后，我仔细思忖，一个人问出的问题，多少反映了这个人的心理状态和思考问题的逻辑方式。

为什么小 A 问的是"如何成为一个专栏作家"，而不是"你什么时候开始写文章的""你写了多久了"这样更为具体和可执行性强的问题。我大胆地揣测，也许她眼里看到的是"结果"，关心的也只是"结果"，至于中间的"过程"，她并没那么在意。

很多时候，我们发现别人获得了某些成功，或坐到了某个位置，被大众看见或者为人所知，我们第一反应是人家运气好。你以为别人只是幸运，但真相可能是人家积蓄了很久的能量终于开始爆发了，终于开始被别人看见了。

就我自己而言，从大一开始到现在，零零散散地写文章也有七年了。我写了七年，才开始有一些引起大家共鸣的东西，才开始被大家认可和看见。一切，哪有那么简单？很久以前，我就说过，如果说我还有什么"伟大梦想"，那就是希望有一天我的文字可以治愈人心。我努力了七年，才开始能够温暖大家。

我有个大学同学，一个很有才华的女孩，大学期间开始涉猎剧本的创作，现在在家专职写小说。她每天的生活轨迹就是吃饭、看动画片、看书、写小说，偶尔休息，周而复始。后来我才知道，她从中学时代就开始断断续续地写，现在已经有四部长篇小说了，短篇更是不计其数。她写了那么久，直到今年才觉得自己该出成绩了，才开始着手一些出版事宜。也许，到了明年的这个时候，她的小说会在各大书城和电商渠道上火爆销售，不了解的人或者曾经的同学看到了她出书会觉得她很幸运，认为她可能有这方面的资源和门路，不然一个英语专业的学生，怎么就突然出了中文小说，还一下子火了？但你真的不知道，人家努力了多久，写了多久，才敢把自己的作品拿出来。

很多时候，我们以为的幸运，其实是别人努力了好久才发出的光。承认这一点，是我们进步的开始。与其把成功归结在"运气"这样虚幻的东西上，倒不如把它建立在我们可以驾驭的东西上，比如勤奋，比如努力。

别人那么厉害，是因为他在挑战自己

我有一朋友，姑且叫他 L 先生，身材稍胖，于是下定决心减肥。

晚上大家躲在宿舍玩游戏，刷剧时，他一个人跑去健身房。每次健身完毕后，再去操场跑上两圈。最后回到宿舍的时候，大汗淋漓，衬衣湿透。有人对他表示不屑，晚上待在宿舍多舒服啊，干吗去受那个罪呢？

当然，朋友 L 也经常向我们诉苦，说健完身后，第二天腿脚酸痛到不行，但抱怨之后，晚上接着跑去健身房。

而 L 最大的一个习惯，就是见到体重器就往上面蹦。瘦了一斤，就高兴得像取得了一项巨大的成就。几个月下来，L 果然如愿以偿地瘦了很多，而他向我们炫耀时，脸上洋溢着笑容，感觉无与伦比的快乐和幸福。

我想，之所以会这么快乐，是因为你投入了精力在上面。就像你精心栽培的果树，终于开花结果。过程无人在意，只有一个人挥汗如雨地默默守护，最后等到花朵开放的那一天，你会和所有的汗水握手言和，你会和所有的委屈尽释前嫌。

因为不管过程有多艰险，已经不重要了，你得到了你想要的结果，一切付出都没白费。

其实我觉得，我们现在还不够优秀，缺点满身，并不可怕，而你明知道自己的缺点和不足，不是想办法去解决和克服，而是安于现状，原地踏步更可怕。

你羡慕青春偶像剧里的爱情，并且为剧中男女主角的爱情掉泪，但那爱情毕竟不属于你。偶尔消遣后，就应该从中走出来，去更广阔的空间看看。

就像你喜欢电视剧中的爱情，但你不去现实中看看，不去勇敢地迈出爱情的第一步，也只有羡慕别人爱情的份儿。

当然，对你而言，费尽心思地去追一个喜欢的人，可能遭到拒绝，可能情感失利，它远没有轻松地躺在被窝里，拿起手机，上网刷剧来得简单愉快。

但美好的东西，因为珍贵，所以总不能轻易可得，需要拼尽全力地去获得。可能过程有点难，可能结果没有你想象中的那般好，但你一定会比原地踏步那个自己要过得丰富和优秀。

而生活本身，就是一个不断升级打怪的过程，你不打倒它，你可能就会被淘汰，因为现实就是这么残酷。

于是你转身离开，继续打毫无技术含量的小兵，并且对此乐此不疲。而你身边的人，吃力拼命地攻克一道道难关，获得更多的生命值和经验。

等到多年以后，两人见面，你可能心里暗自惊讶，他现在这么厉害，而我为什么这么 low！

没有什么不公平，相同的时间，你把时间用在了停步不前，别人把时间花在了克服、挑战上而已。

而去做一件对你而言相对困难的事情，当你去解决它的时候，你不仅会收获更大的进步和成长，还会感到更加强烈的幸福和满足。

因为你做的这件事情，是比你想象的要高级一些的东西，是你花费了时间和精力用心维持的东西，是让你废寝忘食的东西，所以你最后拿到手的，一定是自己最想要的。

你能做的，就是尊重她的努力

我曾经和一个二十几岁的男孩租住在同一个屋檐下。

因为一次同时的晚归，我们有机会坐在客厅里喝光他那瓶爱尔兰奶油威士忌，借着月色和酒意，他和我讲起在新西兰的奥克兰度过的全部青春。

他的高中和大学，是在逃掉一半课的情况下进行的，到朋友家打游戏，在酒吧里喝酒，去俱乐部看脱衣舞娘，拼命往她的内裤里塞小费，后来有了女朋友，就带着她到电影院和西餐厅，花光父母寄来的每一笔钱。毕业之后，女朋友忍受不了南半球的寂寞，回国去过公主般的日子；他留下，在朋友开的公司里做一份饿不死的工作，每天睡醒了去上班，累了就回家，没有限制，十分自由。他对这种生活比较满意。

他的房间，门始终敞开一半，从里面飘散出的腐烂味道，分不清是太久没洗的衣服还是碗筷。桌子上摆着一台巨大的电脑，从里面传出来的声音，是关于现代人穿越到古代的游戏。他的被子，永远是没有叠起的状态，在床中央揪起一个帐篷的形状，地板上散放着喝了一半的瓶装水。有一次在厨房里碰到他在洗咖啡杯，看着他笨拙的姿势，我突然觉得有点难过，为那股沉淀了太久的霉菌味道，也为他的生活。

我和他讲，现在是学校放春假的时间，我在打三份工……

他没有耐心地听完我的故事，他说："我觉得你那件衣服穿得太久了，该换了。"

那时的我，为了攒出每一个学年的学费，除了上课，就是在几个街区外的餐馆打工，有的时候帮朋友去大楼里的办公室打扫卫生，一辆破破的小尼桑永远开在赚钱的路上。很多个夜晚，从打工的餐馆回到家，忍着困意把作业写到凌晨，马路上偶尔有人醉酒飞速驾驶，警车的红蓝灯在后面交替着闪烁，可以叫醒半睡的我。

来自性格里隐隐的自卑，让我在做每一件事的时候都格外努力。我是班里最勤奋的学生，没有缺席过任何一堂课，坚持把每一份作业做到优秀，不能容忍成绩单上"B"的出现。因为钱的匮乏，我在别的地方拼命地赋予自己很多尊严。

我在咖啡馆打工的时候，认识了一个姑娘。

姑娘很漂亮，是那种精心修饰过的漂亮，化妆品武装到头发丝儿。每天九点，准时来喝一杯摩卡，坐在角落里，眼神勾住每一个看似还不错的男人。后来姑娘总是带着不同的男人来聊天，男人请她喝咖啡吃西餐，她秀出诱人的"事业线"，却总是没什么结果。

有一天姑娘和我礼貌地告别，很坦诚地说："我的钱越来越少了，签证也马上到期了，不能每天都来了。"

她的指甲很长了，颜色仓促地留下一半，头发晦暗地胡乱梳起来。她说，现阶段的目标，就是练习英文，趁着签证到期前，嫁一个有钱有绿卡的老公。你一个姑娘，这么努力，何必呢。

不知从什么时候开始，对于一个姑娘，在她所有美好的品质中，好像努力，作为通向成功一个非常重要的途径，就这样渐渐地消失了。微信上一夜出现的刷了屏的文章，都在说，女孩刚刚好就好，用不着乘着风一样去奋斗，嫁个好点的男人就是人生的最优模式；街坊四邻议论的话题，也从单纯的"你吃了吗"，变成了"我家女婿月薪上万"；当我为着一个个微小的目标奋斗得不亦乐乎时，总有人会在身边好心地提醒我婚姻的实惠。没有人去尊重一个姑娘小人物式的努力，大家更推崇的，是一夜凤凰的姿态。

我生活在异国的几年里，身边出现过的二十几岁的姑娘们，大多数可以被归为这几类：一类家境优越，每天都在抱怨这个国家落后的娱乐产业；另一类家境普通，非常向往自给自足的生活，却总在抱怨工作太难找，不肯踏出吃苦的第一步；而最后一类以我为代表的姑娘们，不情愿让家庭和爱情为自己买单，甘于在生活里做个张牙舞爪的女战士，接受着第一类姑娘的瞧不起和第二类姑娘的负能量。我认识的一个女孩，曾经作为我的同桌在课堂上出现过几个月，后来辍学嫁了人，短短几年内收获了绿卡和儿子，职业变成了她梦寐以求的家庭主妇。本以为生活从此就是幸福的，可是每次从老公那里伸手要钱的时候，都是一场家庭战争的开始。有一次去探望她，她拉着我的手很憔悴地说："什么时候才能再做一次你的同桌呢，那时没有钱，不得已才放弃了读书啊。"

我一直不接受对于贫穷的抱怨，相比生活中各式各样的不幸，贫穷是种选择而并非无奈。蔡澜谈到对于贫穷的态度时说过，趁着年轻努力赚钱，一份工不够，打两份工，两份工不够，打三份。在这个国家里，报纸和网络每天都在更新着数以万计的工作。不能做一名大公司里的白领，那就去做一份简单的体力工，去超市里包装蔬菜水果，到加油站做收银员，往各家各户的邮箱里投报纸。

当我第一次站在这个陌生的国度时，所有人都在和我讲这个季节的工作多么难找，为了可以养活自己，我打遍报纸上所有电话，走遍商场所有店铺。一个最初连钱币数额都分不清的女孩，在别人的排挤和质疑中存活了下来，靠的是咬着牙向上的意志力和拼到底的不服输。

我从没害怕过自己有一天会摔倒，也从未担心过一无所有，我就是从那里一路走来的，我知道只要肯努力，活下去并没有那么难。别误会，我并不留恋一穷二白的日子，我和所有的姑娘一样，也非常向往美好的生活。我想有足够的金钱，也想拥有自由与爱情，可是在我对生活提出很多很多要求前，我想先对自己有要求。一个姑娘，只有努力，手中才握有筹码。

李娜在接受记者的一次采访中说："我的梦想就是当一个家庭妇女。"

台下的年轻女孩纷纷点头，掌声一片。可是，别忘了，在李娜成为一个家庭妇女前，她的职业网球生涯进行了十五年，得了两个大满贯冠军，开创了亚洲职业网球的历史新河，已经付出了一个女人对事业的全部努力。

所以，别说姑娘们不需要努力，也别对着她挣扎的姿态泼冷水。当她穿着线条粗糙的旧衣裳，开着雨刷上锈的小破车，有人觉得她品位太糟糕，我却觉得她流汗的样子很性感。她一头扎进对未来的憧憬里，想拼尽全力试试自己能够成为谁。此刻，你能做的，就是尊重她的努力。

最好的你，已经在路上

[1]

经过观察，我发现那些没有弄明白自己追求的人，往往比那些朝着目标坚定前进的人更容易感到疲惫。后者往往是一天工作12 个小时都少有抱怨，前者却明明一事无成，还总在感叹生活不易，前路艰难。

我想这大概是因为，他们没有选择自己真正想走的路，才会特别容易觉得"不值得"。

年轻的时候往往太浮夸，总想把自己所有擅长的事情都做一遍好让别人都知道。

慢慢长大却发现，即使一件事你可做到 120 分，它也未必是你想要的；而另一件事你只做到80 分，若放弃了，便会永远不快乐。

爱情，梦想，都是太感性的东西，没法用回报来衡量。

但最后的最后，往往也正是这些义无反顾的勇气，才为我们带来了最好的惊喜。

所以，在你出发前，请挑个你最想到达的目的地吧——就像选择恋人那样忠贞坚决。

唯有义无反顾，才能一往直前。

[2]

无论胸怀多少壮阔的梦想，最终都要落实到每一步的努力上。

可是努力谈何容易？

是人便会有惰性，这惰性往往体现在一切温柔的情怀上：

早晨离不开被窝，饭桌上放不下筷子，行动时迈不动脚步，该有所作为时施展不开拳脚。

——你可以被这惰性困住一下子，甚至一阵子，但绝不能被困住太久。

太久都叫不醒你的，一定不是真正的梦想。

我的书桌上曾经贴着一句话：

"你总幻想自己会做一番大事，让所有人跌破眼镜，可事实是你连早点起床都做不到。"

那是我最颓废的时候写给自己的，想要起点积极的警示作用。

可等后来，真的弄明白了想要为之努力的梦想，却不用任何话语激励，拼起来谁都叫不了停，有事儿惦记着，睡觉都睡得不爽。

最努力看书、写文章的时候，每天都在没完没了地阅读和输入文字，几乎连续一个月没有充足的时间保证吃饭和睡眠。

周围有朋友劝我："为什么要这么着急？我们还年轻。"

可是我没有办法停止。

我惧怕每一天的我不够努力，梦想就会离我远一点。我惧怕这样盖着被子蒙头睡了一夜，我的灵感就会少一些。

——我不敢停止，更不想停止。

因为我知道，我幸运地走在一条正确的路上。

[3]

这样停不下来的例子还有太多。

我认识的一个男生，高中时候成绩不错，结果高考失利，去了一个三本学校。

浑浑噩噩地过了三年多，突然觉醒自己不想过得这样混账，便一刻不停地、迫切地想证明自己优秀给别人看。

他选择了一所名校的顶尖专业考研——跨学校跨考区又跨专业。大家都说难度太大，不承想，他却像打了鸡血一样只知道往前拼。

一开始因太久没学习不习惯，他总觉得坐不住，本能地想站起来走到教室外面透透气。

他一咬牙，索性在学校后面的工地上偷偷拿了四块砖头，绑在自己鞋带两边，想从桌子上站起来都抬不起脚。

还有一个学姐，机械系出身，毕业后却找了一份梦寐以求的咨询工作。

刚进公司什么都不懂，跟客户聊几句就卡住，每个细小的事情都急着问同事，以至于人家都觉得烦，懒得为她解释。

于是她每天把自己遇见的问题都记下来，晚上回到自己狭小的出租屋里，翻着买来的书，开着电脑，一个个找答案，时常弄到三四点，早上七点钟又准时去上班。

就这样神奇地度过了惨不忍睹的三个月，她奇迹般地搞定了一单重要的生意，在公司里也迅速站稳了脚跟。

那些在你看来毫不费力却优秀无比的人，其实没有一个不是非常努力。

好在，每一段不为人知的辛酸过后，都会收获意想不到的惊喜。

当你真正渴望到达一个地方的时候，你会开始拼命换算努力同幸福的转换，根本没有时间思考其他。

"青春为什么这么短暂？"

——这往往是我在赖床时抱着被子嚷嚷的话。

"所以才要更加努力，赶快做完必须做的事，然后去做自己真正想做的事情呀！"

——这是我起床开始新的一天时，自己给自己的回答。

[4]

生命中需要那么一种纯粹的勇敢，去灌溉你心里最美的那朵玫瑰花。

不断向前奔跑的努力，听上去或许很辛苦；可等到你真正找到了这种勇敢，你只会觉得这持续的努力是种莫大的快乐，甚至幸运。

我们会觉得焦灼痛苦，往往是因为我们追求的是"比别人更好"，而不是"比昨天的自己"更好。

就算生活有快乐也有失落，但只要有所收获，便是值得庆贺的。

只要一直在前进，在崭新的每一刻里，你会不断发现自己更加精彩的可能。

曾经的你在远方，最好的你在路上。

只有努力，才能走出自卑

因为幼时家庭教育古板，鲜少得到家人的夸奖，我一直是个自卑的人。又因为嘴巴不太好看，长相也常被诟病，久而久之，"长得丑"便入驻于我的潜意识。以至于，每当身边有人说谁长得难看的时候，我心里会犯起嘀咕："不是吧，比我还难看吗？"

自卑是一种坏情绪，它不断的暗示与摧残，让我从来不敢争取，让我错失了青春的太多美好。学生时代除了默默地用成绩说话，从没参加过任何活动，也没有担任过任何职务。大学之后，偶尔有男生追求也不敢相信对方是真的喜欢我。甚至，当真正对一个男神心动的时候，我只敢压抑暗恋，怕对方知晓。

毕业后去一家公司面试一个前台行政工作。面试官直接对我说："各方面都还行，就是嘴巴不太好看。"找工作频频受挫，让我开始怀疑这个世界的善意，感觉自己并不被这个世界所欢迎，也一度有过去整容的冲动。

有一次面试，遇到一个美女老板。她与我聊了很久，说看到我眼里的不自信，很像几年前刚毕业时茫然失措一无所有的自己。她来自山村，家境贫寒，一路不断努力，从不放弃改变命运的机会。

如果没有读大学，没有去北京，没有在存够人生的第一桶金后就勇敢地辞职，自己创办公司，那么她就不会成为现在的她。也许现在她还在山村里，拖着几个鼻涕孩子，无奈却甘心地望着走不出去的山头。幸亏，她从来不是个甘心的人。

"你涂复古色的唇膏会很好看，厚唇对欧美人来说一直是性感的标志。"临别时，她对我说。

之后，我开始尝试用哑光复古的唇膏。世界上每一种美都是独一无二的，只是有的美是天然的，从未被用心雕琢。我开始逐渐懂得欣赏自己。

在找工作失利后，我尝试跟朋友合作创业，可惜同样以失败告终。然而，失败其实是个契机，给人转身的机会，去寻找别的出路。一无所有的我，百无聊赖的我，委屈和自卑的我，在报刊亭迎着老板的白眼儿翻看免费杂志，然后跟自己赌气："这些文章，我也能写。"

开始时，我其实并不坚定。那是杂志的黄金期，月销量超过10万的杂志不胜枚举，而定稿与收稿量的比例是千分之一。如何让自己的文章能够在杂志上刊登，并以此养活自己？我真的可以吗？以前的我肯定会因为自卑而否定自己，但这次，我选择相信自己，并且努力争取。

这真是我最认真做过的一件事。分析每一篇样文，拆写每一个故事，和编辑交流沟通，去结识成熟的作者。每天 5000 字地写，只是作为练习。

你有没有全身心地投入过一件事？无论吃饭、睡觉、走路、朋友聚会甚至是和男朋友吵架，我都会下意识地寻找所谓的故事题材和灵感。小本子从不离手，手机拍下路边触到内心的所见，缠着我所有的朋友讲他们的爱情故事，半夜醒来因为灵光一现爬起来在电脑上噼里啪啦敲上一阵，经常因为一篇文章写不完而忘记吃饭。是真正的废寝忘食。

两个月后，我在杂志上发表了我的第一篇小说。那是 2008 年的夏天，我站在报刊亭前，对卖报纸的阿姨说："阿姨，这本《花溪》上有我写的小说哦。"阿姨说："是吗？你这么棒哦。"

嗯，感觉自己棒棒哒，我第一次确信自己其实真的可以。

当然世事永不可能一帆风顺，我也遇到过很多次退稿。曾经向一家很棒的时尚杂志投稿时，被编辑直接退回来说："什么乱七八糟的。"但我从不因为编辑的不友好而退缩，我目标明确："我要在这本杂志上看到我的名字。"我每个月都交三篇稿子，所有的修改要求都虚心接受。后来这个编辑开始很认真地对待我和我的文章，说我是她见过最砸不扁的铜豌豆。而我也终于做到了每期都在那本杂志上看到我的名字，现在还在和那本杂志合作。

从第一篇开始，之后我每年都以百篇的数量在杂志发表文章，迄今已逾百万字。就算是后来在 DM 杂志工作、自己开广告公司、开网店、结婚生子，我也从来没有放弃写作。

可以很确切地说，写作带给了我自信。再确切一点说，通过自身努力获得的成就感会带来自信，而自信会带来幸福感和对这个世界的温柔理解之心。当我微笑，再也没有人提起过我的嘴唇。也许是有，但我已经不再介意。

之前看到波士顿芭蕾舞团首位亚洲领舞仓永美沙的视频，感同身受。"我的基因决定了我不够完美，但也决定了我从不会向命运低头。"

对每一个曾经自卑的人来说，努力是一贫如洗的人点滴创造财富的双手，是脆弱的人默默织就的铠甲，是推翻过往所有不堪的力量。因命运而自卑的你，只能用努力来进行补偿，只能用努力来改写命运。

三个月前，曾经那样自卑的我，出了我人生中的第一本书。此刻，与从不低头的你，共勉。

人生航行，需要梦想的桅杆

梦想的桅杆已经升起，

目前要做的就是努力学习、

夯实基础，

朝着梦想的方向飞去。

人生航行，需要梦想的桅杆

　　黄浩量是厦门松柏中学高一年级的学生，自小就对电影情有独钟，每次看完电影后，他都能将其中的剧情和细节讲给爸妈听。电影带来乐趣的同时，也给了他无限的文学滋养：他小学时写的作文，就获得过全国大奖；上初中后，竟然自己动笔写起了小说。

　　2014年寒假，他萌生了拍微电影的想法，爸妈得知后立即呵斥道："微电影只能在自掏腰包中打转转，况且你马上要中考了，怎能有闲心做这些？学习、备考才是最紧要的事！"他再三向爸妈保证，绝不会利用上课的时间，绝不影响学习。禁不住他的软磨硬泡，爸妈终于给他买了单反相机、长焦镜头、遮光板等，然后他邀请同学来做演员，用自己的压岁钱买来服装和其他道具，仅用3天的时间，就拍摄完成了他的首部微电影《爱在鹭岛》。哪知道该作品竟然获得了厦门市中学生电脑制作活动一等奖，厦门市微拍大赛二等奖，并在台海网络电视台进行了展播，这让他高兴得手舞足蹈，对微电影的热爱也日甚一日。

　　中考过后，黄浩量整天浸泡在电影里，几乎每天看十几部，挑选的影片风格，大多是青春题材、文艺片和各种获奖影片。可是中考成绩一揭晓，他的考试成绩远远没有达到自己的理想分数。爸妈看着情绪低落的儿子，心想："既然他对电影如此痴迷，就随他吧！"于是，趁着暑假，爸妈把他送到杭州的艺校进修了一个半月的编导专业。在那里，他认识了来自杭州的高三毕业生项逸妮和潘思越。项逸妮在高二暑假时就曾有拍微电影的想法，但因多种原因没有做成。那天，黄浩量和项逸妮、潘思越在一块儿吃饭，他说道："我在初二时曾写过一篇小说，自我感觉很好，我想把它编成剧本，然后拍成微电影。"项逸妮和潘思越一听马上赞成，3人一拍即合，决定将这篇小说编成剧本，合拍一部较为大型的青春题材微电影。

要拍好一部微电影，首先要将剧本写好。为此，黄浩量没少耗费时间看电影，甚至连吃晚饭的空隙他也会看上一部影片，从影视剧中汲取"养分"，寻找创作灵感。编写剧本时，他大多时候用手机的写字板来创作，有时在纸上写。几易其稿，人物形象逐渐丰满，故事情节的冲突感也越来越强，名字就定为《迷雾青境》。

再好的剧本也需要演员的鼎力配合和投入演出，没有演员，他就在网上招募。不少人看到消息后赶过来报名，可一听说唯一的报酬只是请演员吃一顿饭，立马闪人了。最终只有7名女生和两名男生加盟剧组。这些人中，有人正在参加暑假补习班，几个扮演成年人的演员又要工作，在整个拍摄过程中，演员的时间调度成了一大难题。黄浩量尽量利用下午 5 点以后下班和放学的时间来拍摄。当时节目里需要两位演员来客串，可怎么也找不到合适的，于是黄浩量将姨妈和班主任邀请过来，在电影里客串了家长和老师的角色。

没有资金包场拍摄也没有难住黄浩量，他就地取材，在需要拍摄游泳场地时，他就去免费的游泳馆；在需要餐馆场景时，他躲开就餐高峰时段进行拍摄；他还从网上淘来了血袋、假点滴设备、文身贴等道具。由于拍摄器材简单，只有单反相机和补光灯，大部分时间他都是手持拍摄。有一天，他和他的团队为了一个镜头，竟然拍了 39 次，从早晨 8 点一直坚持到凌晨 1 点，渴了喝矿泉水，饿了吃泡面。

经过 21 天的劳苦奔波，黄浩量终于成功地完成了拍摄，也顺利地走进了高中的大门。由于这部电影充满"韩国风"，剧中不少角色形象，都会让人联想到许多热门的影视剧角色，一经播出，就得到了众多年轻网友的好评。2014 年 12 月，《迷雾青境》作为屈指可数的未成年人导演的参赛作品，参与角逐了中国金鸡百花电影节学院奖短片大赛。

如今身处高中校园的黄浩量对未来充满信心，《迷雾青境》获奖与否并不重要，重要的是他给了自己的青春以浓墨重彩的一笔。梦想的桅杆已经升起，他目前要做的就是努力学习、夯实基础，朝着梦想的方向飞去。

梦想，不应停留于想

她从小就有着许多异想天开的梦，做钢琴家、乐队指挥、办摄影展、环游世界、出一本自己的书等等，却常常因此被人嘲笑："白日梦！"而她却倔强地在日记里写下了梦想清单。

这些记录在案的梦想，时刻激励着她朝着梦想出发，从 17 岁开始，她用心追逐梦想，一个一个地兑现了梦想清单上的内容，而这一晃就是 9 年过去了。

她就是追梦女孩孙一帆，出生在美丽的泉城济南，是个活泼开朗、兴趣广泛的女孩，17 岁那年以全额奖学金得主的身份考入新加坡国立大学。在去学校报到之前，有一个月的时间，恰好钢琴考级也在一个月后进行，她想趁此机会，兑现梦想清单上的钢琴考级梦。

小时候，她学过 6 年电子琴，年年考级成绩都不错，后来因为功课紧张搁置了。而此刻，梦想锐利地刺激着她，她要去实现它。妈妈觉得她是异想天开，这么短的时间怎么可能实现。而爸爸支持她，特地从朋友那里借来钢琴给她练习。在这一个月里，她除了每周去找老师学习两节课，其余时间都把自己锁在家里，每天练习 10 个小时，手腕受伤了，她抹红花油；指肚儿磨得钻心地疼，她缠上绷带继续苦练。功夫不负苦心人，30 天后，她顺利通过了十级考级，尝到了圆梦的甜蜜。

进入新加坡国立大学之后，在学校举办的音乐会上，孙一帆被台上指挥家的风姿深深吸引，梦想清单上，做乐队指挥的梦想再次萌芽。她给曾担任过新加坡国家民族乐团总指挥的蓝老师写信，倾诉了自己的梦想。蓝老师决定让她参加乐团的排练。从那天开始，她每周都去乐团参加排练，从曲目选编到舞美灯光，所有的环节都认真学习，虚心向老师求教指挥艺术。在年末的学校汇报演出上，她面对座无虚席的观众，从容地指挥 100 多人的乐队倾情演奏，大获成功，终于圆了指挥梦。

2011 年，孙一帆从新加坡国立大学应用数学专业毕业，进入了许多人梦寐以求的英国巴克莱投资银行工作，这个职位收入高，发展前景好。可是每天一成不变的节奏，让她感到非常枯燥，梦想清单里的梦想再一次跳出来，折磨她的神经，她决定辞职去环游世界。

面对她的选择，爸爸妈妈不同意，觉得她舍弃这么优越的工作去流浪就是瞎折腾。她对父母说："也许未来我可能找不到比这更好的工作，但是环游世界是我从小的梦想，我不想因为没有去实践而遗憾终生，我要兑现我的梦想清单。"

孙一帆踏上了寻梦之旅。她从土耳其的伊斯坦布尔出发,途经伊朗和中亚五国陆路回到家乡,然后又去了美洲、非洲和欧洲等地。她在撒哈拉沙漠,蜷在睡袋里看满天星斗,也坐着热气球从空中俯瞰过埃及古老的寺庙遗迹;她在希腊圣岛看了世界上最美的日落,也在菲律宾的大海里与鲸鲨一起游泳;她走过朝鲜的三八线,参拜过印度的神庙;亲吻过两个月大的小老虎,还当过20多个陌生人家的沙发客;她在印尼遭遇过火山爆发,在荷兰和比利时的边境被人围攻,在菲律宾被持枪歹徒抢去相机,还被打得头破血流……就这样,孙一帆凭着一腔热忱,边旅行边工作,自己筹集经费,克服重重困难和危险,去实践梦想,周游了全球56个国家和地区。

旅行过程中,她拍摄了大量的照片,记录了旅行中的种种见闻。旅行结束之后,她在新加坡和济南举办自己的摄影展,并出版了自己的书《世界是我念过的最好的大学》,分享了自己的旅行故事和感悟,感动和激励了无数年轻人。孙一帆用自己行动宣告:梦,不止是想的。趁着年轻,赶紧去兑现你的梦想吧。

追逐梦想，需要一颗勇敢的心

高三悲情告终的那个暑假，烈日当空。我偷偷揣着打工挣来的一点钱，逃离似的踏上了去厦门的列车。

已经无法想起究竟是从何时起对厦大向往心切，对厦门这座城市的喜爱简直无以复加。只记得一座城牵连着一个遥不可及的梦，魂牵梦萦的其实是那份难以放下的青春念想——青春只一晌，要试着往更远的地方，去触摸梦的轮廓。

于是我抵达了这里，厦门。一下车，习习的海风突然扑面而来，我猛然醒来，卸下背包仰头张望城市深夜模糊的霓虹，像只出笼的小鸟终于飞出三尺天空，我激动不已却又有些不安。因为第一次自己出远门，还是背着爸妈，眼前的一切又有些陌生。那晚，当我倚在床头久久无法睡下，枕着海风、听着涛声用心感受这座城的脉搏时，心里竟还为自己的"叛逃"感到一丝窃喜：谁会想到，尤其是那些说我在"痴人说梦"，无论如何都与厦大无缘的你们又怎么会想到，此刻我竟会以这种方式抵达了心中的殿堂。

像一片叶子，吹到哪儿就在哪里落脚，我爱上了一个人在厦门走走停停的无拘无束。我踱步在美丽的厦大，感受海风吹着她、阳光照着她，再有鼓浪屿的若即若离，我竟以为自己身处梦境中，甚至于无意识间停下脚步，拼命呼吸着她的每一寸气息。

在梦寐以求的芙蓉餐厅吃饭，愕然发现自己的零钱已经所剩无几，但没想到的是，一位素不相识的学长在目睹我的尴尬后，好心替我刷了饭钱。兴许是看到了我眼神里闪过的失落，他使劲拍拍我的肩膀鼓励我："别灰心！有梦终归会实现。只是在追梦的路上，我们遇到了不同的分岔路口，最终选择以不同的方式实现梦想而已！"

一席话，掷地有声。我的内心忽然升起一个念头，现在的我，纵然遭受了一次惨痛的高考失利，可是却身处梦寐以求的殿堂，不就是以一种近乎偏执着迷的方式抵达了梦想吗？

"算了吧！净做白日梦！"想起每当我提起厦大之梦，我的同桌都一副翻白眼鄙夷的神情："在我们这种二流学校的普通班，岂不是比登天还难啊？"这时我满腔的雄心壮志就好像遭到了现实的冷酷横刀，然而我绝不甘心一败涂地，否则哪怕丁点希望都将夭折在这屈服里。

临走前的那晚，爸妈还是来了电话，电话里，他们万分急切地想要知道我的安危，并承诺不再逼我参加补习班。回想起自己因为高考失败而自暴自弃，并因此而与父母发泄任性，懊悔、消沉的情绪顿时铺天盖地袭来，我的眼泪再也止不住了。在这场孤独的青春叛逃里，因为羁绊太久，从不曾违背父母的我选择了逃离疗伤，但在挂掉电话的那一刻，身在远方的我终于明白，自己更需要的是面对现实再来一次的勇气。还彷徨什么？还迷茫什么？似乎已经毫无理由去拒绝梦想对我的吞没，唯有以奋不顾身、放手一搏的追求去回应它的热烈，才有可能跨越人生的寒冬，面朝春天。

已是八月的尾巴，繁华落尽，转身便是新的开始，高四。那个夏天所有的离愁别绪以及莫名的遗憾，都被我一一装进了人生的行囊，背着它们去往另一个远方。那里有我念念不忘的梦想。

有人说，年轻时就应该去远方，奋不顾身。起初，我感觉自己的包袱很重，我瘦弱的肩膀不堪一击。艰苦的跋涉，但我无悔当初的选择。

带着勇敢的心去流浪，不管未来是多么荆棘丛生的远方，也要昂头去看更多风景；勇敢的心要去流浪，去追逐梦想，我是波涛中划桨的水手，不愿随波逐流，只想扬起风帆。

用所有来报答自己所爱

凌晨四点半，连夜宵摊都开始刷锅子，熄炉子，将凳子翻到小推车上，关灯收摊。

仍有工作，还不能睡。

想到父亲尚插着双臂，等待我叫苦连天，等待可以得意扬扬幸灾乐祸地说：看，谁让你不听我安排去企业当个安安稳稳的会计。一想到此，就连抱怨也不敢出口半句。

但这对我而言并不是一道选择题。

有两个姑娘的故事。

一个姑娘叫王若卉，曾经是张学友的歌舞剧《雪狼湖》的女主角。

三年前，她得了甲亢，一种让她的心跳比别人快两倍的病。医生宣布：你不能唱歌，也不能跳舞。

不，她不相信。哪怕一天只能跳两个小时，哪怕只能跳一个小时，也要坚持下去。单亲的妈妈借了一间小屋子，布置成练功房，让她练习。

可是身体在变形，脸在变形。一个青春貌美的姑娘，眼见着镜子中的自己一点一点变丑陋，一点一点变臃肿。

放弃么？决不。她只是拉上了窗帘。从此她成了一名黑暗中的舞者。只有自己一个观众的舞者。

三年后她重新登台，高歌一曲《我用所有报答爱》。

从她唱的第一个音开始，我觉得我的心都要碎了。

冯曦妤，一个农村长大的女孩子，最最普通的香港家庭，吵吵嚷嚷热热闹闹，弟弟妹妹一大堆的大家庭。她是长女，最常见的那种非常有礼貌，帮衬家里忙里忙外的长女——一个懂事的好孩子。

正因为是好孩子，要懂事，不能提太无理的要求，所以中学毕业就出来做事贴补家用。

可是，她爱唱歌呢。

唱歌有什么用？唱歌能填饱肚子吗？唱歌要上音乐学院，要有老师教，要有包装——总之，唱歌是个很贵的事情。

没关系，就从录音室助理开始做起好了。就这样，她16岁的时候成了一名录音助理。

后来有一天，突然有人发现她会唱歌。"你要不要唱唱看？""真的吗？好啊！"然后就有了《我在那一角落患过伤风》，以及《无间道》中的《警察再见》。

"可是香港竞争这么激烈，你形象又不够靓，这可是个问题诶？"

后来，她来参加"声动亚洲"这个节目，在台上哭了。她哭着说：香港真的很少有机会能够登上舞台，可是，我真的，真的很喜欢唱歌。

我忍不住低低饮泣，捂着嘴不想让人发现。世界上的好孩子，就是那个帮助妈妈烤松饼，但妈妈却奖励给顽皮的弟弟吃的那个。世界上的好孩子，就是少了一份蛋糕，但妈妈会把唯一的蛋糕给比较会哭闹的妹妹的那个。

好孩子常常没有礼物，但是这一次，我看到她有了。这是她为了自己的梦想，得到的回报。

有个孩子问我：古越姐，你说，坚持梦想，要付出什么样的代价呢？

我想了想说：需要付出代价吗？

当一件事情，你觉得一定要做的时候，是不论如何都会去做的。不能直接干，也会迂回曲折地去做。

很多个夜里，难以入睡，焦虑像火一样灼烧着五脏：写得不够好，积累太薄弱，处事不够圆润，做事太过粗心……枕巾上尽是断发。然而尚有许多工作，失眠也有罪。

因为有人期盼着我能独当一面，因为有人抱着胸等着看我笑话，更因为有个最严苛的自己在身后鞭策着不能后退半步。所以咬着一口气，拼了命成长，要做得好一点，更好一点。

惟一困难的只是迈出第一步，然后，四面八方的力量都会推着你向前走下去。

但我仍不觉得这是代价，而更像是除了爱以外，能够证明我们真的活着的证据吧。

追梦路上，你要看得见路标

三年前，我是一个大胖子，教过的学生每次给写评语的时候都会说，您要是再瘦点，就完美了。随着大家说我胖的声音越来越多，我终于明白，减肥刻不容缓，不是为了别人，更是为了自己。控制不住自己的体重，怎么能控制自己的人生？

坚持都是困难的，为了怕坚持不到几天就放弃，我甚至在朋友圈里发了这样的话，如果三个月不减肥20斤，我就给点赞的每人发一个红包，结果瞬间，赞满了。可是，没有详细计划，只是被鸡血打过的人，兴奋时间最多也就是一周。一周后，当鸡血融进了懒惰，兴奋消失于舒适，该怎么样还是怎么样了，仿佛这些鸡血，从来没有出现过。

有意思的是，就在快扛不住的时候，健身房多了一台体重器。这无疑是点亮了我继续减肥的目标。当站在秤上看到体重时，把我刺激到了。忽然间明白了，不能总是拿鸡血当饭吃，饭虽难下咽，但有营养。但既然难下咽，为什么不一口一口吃？自然就吃完了。

我开始把自己的减肥规划了起来，细到我能够看见，能细致到每一天。

我告诉自己，这一周，我要减去两斤肉；下一周，我要减去另外两斤肉。这一天，我要节食晚餐，第二天我要跑够 40 分钟。每一周甚至每一天，我都有了明确的任务，小到能够看见，而不是宏观地给一个减肥到 20 斤的目标。路太远，看不到终点，无论多努力，只要心里没底，自然就坚持不下去。可当能看到每天的计划，不那么伟大的目标近在眼前，坚持的力量也就强大了许多。

三个月后，我真的减了 20 斤。

很多人都会问，为什么我坚持不下来。答案很简单：一个看不到终点的长跑运动员无论体能多好，都会心里发怵，很难坚持下来。马拉松运动员在长跑的时候，几乎都会去提前看场地，他们会把每公里的拐点记下来，这个动作很大程度决定了他们的名次。

只有这样，他们才能够知道跑了多久，还剩多久，这一公里要怎么呼吸，下一公里要用多少力气。

我想起当老师时的一个故事，一个学生提前五个月考四级。他告诉我，自己是艺术生，英语特别差，现在想多花一些时间去准备。

他告诉我，自己会坚持这几个月，他不怕吃苦，只是怕没有好的结果。

我告诉他，你先去背单词，然后把近五年的真题吃透，不留任何疑问。每天花五个小时读英语背文章，弄懂每道题，最后肯定没问题。

我说这话的时候很紧张，因为几乎每个人我都要求过他们做这些，但因为工作量太大，坚持下来的寥寥无几。

那孩子用力地点了点头，自己计划了一个单子，从此魔鬼训练开始。

五个月后，对完答案，他考得不错。他们艺术班，只有他顺利通过了考试。他的朋友说，他像一个疯子，我们很多同学跟他同时起步，可最后只有他坚持了下来，做完了所有题、背完了所有单词。

我笑着问他，你们觉得他有什么窍门吗？

那人说，他就是能坚持，估计跟人品有关。

那天我请他自己跟朋友说坚持下来的诀窍，他拿出一个表格，上面画得乱七八糟，他说，我把任务细化到每一天，细化到每一天要完成的东西。每解决一个目标，都划掉，要知道目标一旦写到了纸上，我就会认真执行。其实每天完成目标后，成就感就很足，甚至期待第二天的任务。

其实他没说明白，在黑暗中能让自己坚持下来的，不仅要有信念，更需要让自己每天的目标细化，能看到今天的终点。

梦想和生活一样，一步一步走，哪怕周围一片黑暗，只要能看到每天的路标，离洞口的那束明亮的光也就不远了。

你想要的，就要坚持做下去

QQ 的那一头，是许久未联系的高中好友，即使隔着电脑屏幕，我依然能够察觉到她抑制不住的兴奋。

她说："我的工作搞定了！户口也搞定了！"

这个从大三时就屏蔽一切与外界联络的方式，拼了命地在图书馆复习，然后以第一名的成绩考上中传媒的姑娘，电视人是她最大的梦想，她很早就开始为此积蓄，大一时，就开始在学校当地的省级卫视实习，读研时在央视和凤凰都待过很长一段时间，有段时间她说：每天实习结束后，都是凌晨两三点，一个人坐车回到学校，整个人累得都能飘起来。在毕业前几个月，她焦躁地为了能够拿到北京户口，为了能够继续留在电视行业而四处奔走。

我懵懂地问："很难吗？一定要北京户口吗？"

她回道："很难，要求特别高，我手上的 offer 全是没办法解决户口的，没有户口的话，以后在北京生了小孩都上不了学，我不要这样。"

我问："那你怎么办？"

她纠结着："如果万不得已，我也许会放弃干电视行业。"

然而，此时她终于有了好消息，她雀跃着："我去电视台的时候，都没做多大指望，面试也不够积极，因为没有户口，谁知道，留下来干了几天后，领导说，我看你不错，就把我们部门仅有的两个户口名额给了一个给我。简直跟做梦一样！我到现在都不敢相信自己居然会这么幸运！"

我真心为她感到高兴，这位姑娘，一直是我很佩服很喜欢的一位姑娘，我知道，她能够有这个好消息，并不是出于幸运，而是她真的很优秀，所以才会让人不愿意放走她。而我亦明白，为了今天这样优秀得叫人惜才的表现，她在背后默默地付出了多少辛酸和汗水。我期待着，她成为优秀电视人的那一天，因为我相信，她一定能够做到。

高中的时候，我和姑娘关系很好，每次一起坐在操场上天马行空地幻想以后的时候，她总是满脸憧憬而又无比坚定地说："我要考中传媒，我要学电视，我要做好多好多优秀的电视节目给你们看！"

而我，那时候还没有她那般自信，却依旧在头脑中把自己的梦想描绘得很清晰："我要学中文，我要做编辑，我要做很多好看的书给你们看，我还要写很多很多字，可以出好多书。"

年少的时候，总是雄心壮志，觉得自己无所不能，总是觉得梦想虽然很大很远，但依然是能够触手可及的，我们天真而浪漫地相信，自己会在大学毕业之后，就能成为自己想要的样子。然而世事总是难料，我们高考都失利，她没能进理想的大学，只上了一所普通的一本院校，我更是糟糕透顶，直接去念了三本，仿佛是有默契似的，我们都选择了新闻专业。

我因为家庭变故，回到了老家，做了一份清闲但同自己的梦想相距甚远的工作，我很不甘心，却又无比之焦躁，在日复一日单调的生活中激情不再，甚至不再心怀期待。有什么好期待的呢？学历不高，学校三流，最糟糕的是，全无行业经验，我想，我这辈子，或许就是一直待在老家，不可能再成为一名编辑了。

所幸的是工作有大把的空闲时候，于是开始在豆瓣约书写评论，同时认识了很多优秀的作者和编辑，每次见到有人给我豆邮，说喜欢我的文字，都会有种隐隐的自豪，虽然自己的文字梦已经渐行渐远，但能够被认可，已经感觉到了极大的快乐。

于是，在某个意外的一天，有位合作过的编辑说："你想做编辑吗？我们正在招人，如果你想的话，就来北京吧！"

我不由得大惊失色，若不是这位编辑很活跃，又有过合作，简直要怀疑他是传销组织派来诈骗的："不是吧？我？你确定你没有开玩笑？"

"是的，怎么样？敢不敢来北京？"

"可是……我什么都不会呀！我觉得自己做不来啊！"

"你文字功底好，看你书评，对书的把握也不错，很快就能上手，没什么做不来！"

在被编辑打了无数次鸡血过后，我果断地选择了离职，然后去北京，准备着从一个新手成为一个靠谱的编辑。我不知道自己在北京的生活和工作是何种面貌，亦不知道自己能否真的有足够的能力将这份幸运得来的工作做好。

我曾经很愤怒，为何自己想要的生活迟迟不肯到来。现在，我终于明白，如果你真的想要做某件事，就拼命去做好了，朝着这个方向不停地靠近好了，或许，有一天，你会发现，你想要的，总会在合适的时候到来。

秋荞籽的执著梦想

一个简陋工作台，大大小小不同裁剪的皮料，各种常用工具，小锤子、起子、锥子、胶水……每一样都干干净净，没有一丁点灰尘或污渍。工作台后，一个身穿蓝大褂的青年，正自顾自地低头做事，偶尔抬起头看看远处，他就是兰州有名的"皮具匠人"吴寒，一个 90 后创业者。

高中毕业后，家贫的吴寒离家来到甘肃兰州，在朋友的推荐下，他在一家山村小学做了代课老师。伴着早晨阳光和孩子笑容，吴寒每天忙着工作，想好好拼一个前途，直到看到那家老手工作坊。那是一条偏僻街角的一家皮具作坊，一位老爷爷戴着老花镜，正精心制作一条皮腰带。房屋墙壁上，挂满各式各样的皮具，有的刚成型，有的已打磨得光滑晶亮，熠熠光辉了。吴寒从小喜欢制作手工，对手工制作的东西都非常痴迷。

吴寒考察发现，兰州一直有皮匠师傅，只是手艺几乎不传外人，所以也没形成规模，而在日本和欧美的"皮具匠人"都已经发展成了行业。其实手工皮具制作基本流程也简单，只有设计、下料、打孔、封边四个步骤，吴寒觉得做皮具也不难，这也是自己的喜好。听说吴寒要做又累又脏的皮匠，好多亲朋认为是玩物丧志的瞎折腾，成不了气候。可吴寒坚信，这个行当一定有前途。

课余，吴寒就去老人家学艺。白天，吴寒一边帮忙，一边聚精会神观看制作流程，不时询问和记下一些注意事项。晚上回到家，吴寒就拿出笔记学习巩固，还从网上搜寻制作皮具的专门视频跟着学习，经常和老人的做法加以对比，吸取对自己有用的经验。一年后，吴寒辞去代课教师，和朋友合伙在兰州闹市区一条古玩街上，开了一家手工皮具店。

简单的工作台，三把自制木椅，从网上购买了几百元的制作工具和原材料，吴寒的生意就开张了。每天一大早，吴寒就开始工作，力求每个小细节都精心打磨，直到自己满意为止，对任何小毛病，都要用心加以补救。做出样品后，吴寒就抽空去附近的人家和市场，一家家解说推销，可因为没有名气，也没钱做活动和媒体宣传，吴寒的生意一直有些惨淡，还欠了好大一笔材料费和工人工钱，连最初合伙的朋友也觉得没盼头，提出退出。可吴寒不想轻易放弃，决定等待时机。

这年深秋，吴寒回四川老家看父母。看他一脸愁容，父亲带他去地里种秋荞。中间休息时，父亲问："在干燥的泥土里，在凛冽的北风中，在寒彻骨的冰雪下，秋荞籽要呆一个多月，可明年一开春，秋荞就从土里冒出来，你知道它们靠的是什么呢？""靠阳光、空气、水分等，这生物书上教过了。"吴寒顺口说出了答案。"可有些秋荞为什么没有长出来？""可能运气不好，缺了一些条件。"吴寒有些犹疑地说。"这也有可能，"父亲停了一会说，"更主要的还有对梦想的执著信念。一粒秋荞，因为希望看外面世界，就会激活自己，勇敢面对一切艰难困苦，直到生根、发芽、开花、结果，创造自己生命的精彩。否则，没了梦想，心死了，也就委身于泥了。"

回味着父亲的话，吴寒好似醍醐灌顶，他决定无论如何也要坚持下去。接下来的几个月，吴寒拜访兰州的皮匠名师，一点点总结经验，夜以继日地学习日本、欧美新技术。技术成熟后，吴寒又向亲戚朋友借了些钱，组织工人制作了一系列更精美的皮具制品，在一些大商场分成代销，同时请人把细致的设计图纸、挑选最高品质的整块皮样、按照纸板卡图纸裁剪皮样、用专业的工具对皮样进行拼接组装等详细流程拍成视频，和最后的成品一起推到网上商店。也许眼见为实吧，吴寒的皮具产品一下子引起了人们注意，越来越多的人开始光顾小店和网购。他逐渐成了兰州的"皮匠"名人，收入也越来越多。

就像吴寒说的，不论哪项工作，只要坚定梦想，甚至是最卑微的秋草，也能在不畏艰难险阻的奋斗中，让梦想成真。

用梦想装点荒芜的心

烟斗是我的大学学长，也是传媒学院的一朵奇葩。

因为热爱湖南卫视的娱乐节目，喜欢那时还没有留胡子的汪涵，他从江苏考来了长沙，怀着一腔热血想要打进湖南广电内部。可新生报到的第一天，这腔热血就被浇了个通透。

他站在学院一楼的公告栏前，指着那大红纸上的新生名单说："怎么除了新闻系，还有个广播电视新闻系呀，有什么不同吗？"迎新的大二学长跟他说："新闻系是专攻报纸的，广电系是以后做电视的。"

烟斗的脸瞬间变成了猪肝色，傻愣在了原地。

烟斗写得一手好文章，尤其擅长写各种打油诗，还曾经自费出过一本诗集，给系里女同学每人赠送了一本，赢得了不少女生的爱慕。他甚至还用几首原创的情诗追到了当时的系花。

因为文采好，烟斗被招进了院报，只用了一个学期就混到了院报主编的位置。后来一路高升，大三时就成为学校三大报纸的总编，风头无两。

大四时，本地一家知名报社来学校招聘，烟斗屁颠屁颠地就跑去了，得到了一个实习的机会。实习的三个月里，烟斗起早贪黑，早上 6 点，室友还在沉睡，他已经跑到河的另一边，跟着新闻车出去采访；晚上 12 点，室友在寝室里激烈地打着游戏，他无声无息地推门进来，瘫在床上，累得连刷牙、洗脸的力气都没有了。

那段时间，他脸上的青磕、深陷的眼窝和眼底的黑眼圈无不昭示着他对这份工作付出的努力。大家心里清楚，要进入那家知名报社，是多么难的一件事情。能力强大的烟斗，也必须兢兢业业，将任何事情都做到尽善尽美。三个月的实习期过去，烟斗已经能独当一面，可以独自采访出稿，却没有等来转正的消息。带他的老师遗憾地告诉他，暂时没有名额，让他再等等。这一等，半年过去了，烟斗每月拿着 300 元实习补助，日日奔波在这座城市的各个角落，寻找新闻素材。那时还是大一新生的我曾问过他，这么累，有没有想过放弃？他说没有，他喜欢做报纸，喜欢当记者，他享受那种看见自己写的新闻稿被大家阅读的感觉，这种累对他来说是一种享受。

直到烟斗毕业，他都没有等来转正的机会。他的实习老师带着愧疚将他介绍去了广告部，跟他说："先在这儿干着，以后有机会，内部竞聘，能再干回记者。"就这样，他留在了那家报社，却不是以他最初想要的方式。

所谓的广告部，也分三六九等，那些高端大气上档次的整版房产广告资源落不到他头上，他只能出去谈那种"牛皮癣"广告，占不了多少版面。刚开始的时候，他每月的工资少得可怜。他们那届留在长沙的同学很多，时不时就会聚一聚。虽然我与他们不同届，但因我大一军训时豪气地请全系同学吃了一周的冰豆沙，于是我在学院一炮而红，人缘超好，跟大四的学长也混得特熟，所以他们聚会也总会捎带上我。烟斗不是每次都能来，只有手头稍宽裕时才会出现在我们面前。每次他来，我总会抢着埋单。那段时间，我们都替他委屈，替他心疼，却也不敢劝他。他就像一头犟驴，心中有了一个梦，便要一直走下去。

我不知道那段时间他是如何风雨无阻地去约客户，也不知道他办公室的灯光每晚亮到几点他才疲惫地离开，我只知道他从一个小小的广告业务员成长为经理，只花了不到 4 年的时间。

去韩国前，我约他出来喝咖啡，他还是读书时清瘦的样子，但穿着合身的品牌西服，一举一动已然透露着成功人士的范儿。他抿了一口面前的黑咖啡，跟我说："有梦，便去追逐。"因这一句，我孤独而又勇敢地飞去了那个陌生的国度。

报社的广告部经理是个肥差，活不重，年薪高。我们都为烟斗高兴，辛苦这么多年，终于熬出头了。这高兴劲儿还没缓过来，有一天他又在群里说："社里准备做一份周刊，我要去竞聘主编！"

我们纷纷被吓到，劝他不要乱来：就算竞聘成功，做一份新报纸等于是从头再来，而且市场不好的话，万一没做起来，他这些年的辛苦就白费了。

烟斗要是那么容易被劝服，就不是烟斗了，他拿出了实习那会儿的劲头，做市场调研，做策划，力求完美，最终竞聘成功。沉浮 4 年后，他终于实现了他最初的梦想。

可梦想的路走得并不顺，周刊面市后，并没有引起人们太多的关注，销量持续下滑。为了撑住这本周刊，烟斗亲自带着编辑根据市场来调整内容和版式，求着以前的广告客户，让他们多给周刊投点广告，支撑周刊的运营。每天累得精疲力竭，他却甘之如饴。

我每次经过报刊亭，都会买上一本烟斗做的周刊。这是他通往梦想之路的基石，而我想要帮他见证。我们相信，有朝一日，这本周刊终会成功，成为全国知名的畅销周刊。

我曾问烟斗："是什么支撑你在广告部苦熬了那么久？"他优雅地用手中小勺搅拌着杯中的咖啡，淡淡地说："心中有梦，就不会荒芜。"

梦想是果实，你不一定能摘到

第一次去台湾是在几年前，那时住的酒店下面有一家卖炸鸡排的小摊位，令我印象深刻。

老板是个满脸络腮胡子的大汉，开口却是标准的台式软糯腔。主动跟我聊天，最常说的一句话是："我的店一定要成为全台湾最好吃的鸡排店。"

起初我并没在意，可后来经常看到他拿着本子在写写画画，说是最近新调配的鸡排腌制秘方。还听到他对店里的员工训话，大意是最近的九层塔不够新鲜，鸡肉还可以拍打得更松软之类。

我说："至少这附近的摊位我都吃过，觉得你家是最好吃的。每天生意也不错，应该知足了。"他表示感谢，但言辞凿凿："我不会知足的，我就是要做出全台湾最好吃的鸡排。"

过了几年，我再去台湾，恰好又住那家酒店。刚进街口就震惊了，有一条长长的人龙从街里排出来。路人告诉我，这里有家鸡排店特别好吃，每天如果不来排几小时队都吃不上。我走到最前面，果然是那家小摊位，居然已经盖起了一家不小的店面，干净整洁，鸡排的香气半条街都闻得见。

　　我恭喜老板生意越做越好了，他呵呵地笑："还不够，现在只是这个区最好的鸡排店，离最终的目标还很远。"他的语气一如几年前的斩钉截铁。我买了一大包鸡排，然后由衷地祝福他。无论他最后会不会做成全台湾最好吃的鸡排店，我相信他永远会是一个成功的生意人。

　　去一家街头篮球社团做采访，有个球员很矮，但长相很萌，个性可爱，记者们都很喜欢他。他跑来跟我聊天，忽然问我："姐姐，你说我还能再长高吗？"我认真观察他的模样，瘦瘦小小的。对一个篮球运动员来说，不到一米七的身高实在有点太矮了，而且他不再是少年，已经很难再发育。我不忍心打击他，拐弯抹角地劝说："身高并不重要，你这么聪明，将来无论做什么事情都会很成功的。"他摇头说："我一定会长高的，将来我要进入NBA，成为中国的乔丹。"

　　有缘的是，去年我们在一场篮球比赛中再度重逢，他居然还记得我，开心地跑过来。站在我面前的他并没有长高，但却不再瘦弱，皮肤黑了也更健康了，浑身散发着阳光与朝气。他跟我报喜："姐姐，我入选了市队，家里人都特别开心！"我忙道恭喜，顺口逗他："还是想进入NBA？"他点头："对，中国的乔丹。"

　　我知道，无论任何一个成熟的人以理性思维分析，面前的青年都不会再长高，也很难进入NBA，成为乔丹更是遥不可及。但那一刻我完全不想否定他，并且清晰地知道他注定拥有灿烂的未来。

这绝不是好高骛远，而是一种奇妙的信念笃定。

某次与大学生朋友座谈，我提到了一个观点，即"梦想总有实现的可能"。当时就有女孩子站起来反对。"我不同意，起码我的梦想没办法实现。"她很大胆，坦然道："我想嫁给王思聪，这根本就不可能。"大家哄堂大笑，我也忍不住笑。还有凑趣的男生在一旁喊："我想取代奥巴马！这也不可能！"我等他们笑得停了，问那个女生："你学什么专业的？""艺术。""那现在改修金融或者企业管理还来得及。"

我说："如果你想嫁给王思聪，首先第一步要改修与他的事业相关的专业，毕业后进入万达集团，通过努力证明自己，逐渐向他靠拢。如果你不够美，就通过手段来让自己变美；如果你不够聪明，就通过学习来让自己丰富。"

我转头又看向那个男生："如果你想取代奥巴马，首先要把英文学好，考过托福，进入著名高校攻读法律，然后毕业留在美国成为中坚力量，如果可以还得改换身份从政，学会政客的圆滑。当然出于爱国角度，我不建议你这样做。"

女生张大了嘴巴，男生一副难以置信的表情："虽然听起来头头是道，但如果做到这些还没有成功呢？"

我笑起来："如果真的做到了这些，哪怕只做到了一半，你还会那么期待嫁给王思聪、取代奥巴马吗？"

在我们所受的教育与所处的环境里，大部分时间会听到相似的话：年轻人要踏实，自不量力会摔得很惨。不撒泡尿照照自己，心比天高命比纸薄！

然而他们从不会告诉我们，固然那些不知天高地厚的梦想难以实现，但把目标调整到触手可及的谨慎人生，并没有过得多么轻松滋润。

梦想是枝头唯一的果实，看上去高不可攀，摘下它的当然不一定是你。然而与裹足不前、偏安一隅、白首方知悔恨相比，你选择哪一种结局？

伸手摘月，未必如愿，但也可能摘到星星或明灯。更重要的是，起码天空不会弄脏你的手。把人生的标准定得高一点，是信任自己并对命运负责的最佳体现。

这个世界，总有一些让我们想不到

我们总以为用冷却的牛奶去做冰淇淋，一定比用滚烫的原料去做花的时间会少得多。1963 年，坦桑尼亚的马干巴中学，给学生提供了做冰淇淋的设备。一天，那个三年级的姆潘巴同学，把生牛奶煮沸并加进了糖时，他发现冰箱的冷冻室内放冰格的空位，已所剩无几。为赶到他人前面，他等不及牛奶冷却，就急急忙忙把热牛奶倒进了冰格，送入冰箱。一个半小时以后，奇迹发生了，姆潘巴的热牛奶"抢先"结成了固体，而其他同学的冷牛奶，还只是稠了一点的液体。

这个姆潘巴现象，太神奇了，它超出了在此以前一切书本的记载和科学家的认知，却被一个十几岁的中学生发现了。

世上就有那么一些事，尽管我们万万没有想到，但就是发生了。当初并没有想到我们真的能飞向宇宙，也根本不会想到，还有次声、超声，红外线、紫外线。我们虽感觉不到，这个世界边上还伴生了一个暗物质、暗能量世界，但这些几乎已成科学界的共识。

可是我们只在意看到的和听到的，不注意看不到的和听不到的。只感觉开汽车去远方省下了不少时间，想不到坐在车上花去的时间却是没有汽车时根本不会去花的；只想到电脑给我们节省了大量时间，想不到浪费在电脑上的时间比节省下来的时间要多得多；我们认为有了电子传输图文信息，可以实现无纸化办公了，根本想不到有了电脑以后用纸量成倍地增加，而且对纸质的要求也越来越高了；本来是想快一点，想不到正是我们发明的高速公路，常常堵得我们无法动弹；本来是想漂亮一点，想不到正是我们发明的拉皮、做膜、割双眼皮这些"花招"，让我们已分不清谁是真正的冰冰和晶晶……

我们喜欢守着正面的、直觉的，不在意背面的、侧面的。背面和侧面，其实有着更大的空间，其重要性也并不比正面少。西班牙画家达利告诉我们，"我自己在作画的时候，不理解这些画的意义"，他只是在揭示内心深处的激动和不安，但有一大批追随者，给这些画说出了许多意义。于是，达利进一步补充说"这件事，并不证明这些画没有任何意义"。于是，世上有了达利的《带抽屉的维纳斯》、杜尚的《长胡子的蒙娜丽莎》，且它们都成了世界一流名画。

"想不到"让世界需要梦想，是"梦想"让大人败于孩子，让科学家落后于中学生，让我们惊奇惊叹。

1999 年 10 月，北京，孙正义让马云讲讲阿里巴巴，马云并没想招来投资，他只讲了 6 分钟，孙正义就从办公室走来说，我准备投资 3500 万美元。这个，马云想到了吗？后经协商实际投资 2000 万美元，有了这份押宝，到 2014 年 9 月 19 日阿里在纽约证交所一上市，孙正义这笔投资估值已达 580 亿美元，孙正义想到了吗？

想不到的那个世界，总比我们想到的世界大得多。阿里在纽约上市，马云让聪明的孙正义成为日本首富，2000 万美元的风险投资，孙正义让聪明的马云成了中国首富。这个看似弯弯绕绕的结果，一半是胆识，一半是运气。

假如老孙那次真投出 3500 万美元呢？

还是阿里巴巴上市那天印在杭州总部员工 T 恤衫上的纪念词说得幽默：梦想还是要有的，万一实现了呢？

梦想不降温，成功就不会遥不可及

她五官立体感强、眼睛也无比深邃，很多人都说"这个美人儿是个混血儿"，其实她的父母都是地地道道的越南人，她不过是在美国出生而已。

很小的时候，她的父亲在建筑工地打工，母亲则开了间小小的美甲沙龙。马路上车来车往，母亲不放心让她出去玩，便把她留在美甲沙龙里，让她在那里写写画画或者就当个旁观者。渐渐地，她对美的向往开始萌发，对母亲加工后的美甲产生了很大的兴趣。于是，她在图纸上画小宠物，画印象中的越南，还会随心所欲地设置新款的美甲图案，哪怕母亲不一定用得上。

时间到了她7岁那年，嗜赌成瘾的父亲输红了眼，不仅输光了家产，还欠了一屁股债。为了帮父亲还债，母亲不得不转让正经营得红火的美甲店，也就此断掉了一家人的收入来源。更雪上加霜的是，父亲不知道是愧疚还是逃避责任，带着自己的行李离家出走了。她只有母亲，母亲也只有她，母女俩开始了相依为命的生活，一直过得窘迫而清苦。

或许是过够了苦日子，母亲希望她未来能学医，拥有一份收入稳定又体面的工作。可是，艺术的种子在她的心底扎了根，她的兴趣早已转到了化妆上面。她对母亲说，"我不要拿手术刀进手术室，我要拿着眉笔进兰蔻公司。"兰蔻可是全球知名的高端化妆品品牌，她的梦想显然有些天方夜谭的味道。不过，母亲并没有给她的梦想泼冷水，不仅竭尽所能地帮助她了解化妆的知识，还常带她去自己后来打工的美容馆，让她得到潜移默化的熏陶。

转眼，她已经20岁了，已经长成一个可爱的大姑娘了，而她化妆的技术也越来越成熟。于是，她准备去自己向往的兰蔻公司应聘，她需要的只是一份专柜小姐的工作。可是，就算是这样的一份工作，没有相关经验的她还是被无情地拒绝了。吃到闭门羹的她有一点沮丧，她没有再去别的化妆品公司应聘，转而找了间日式寿司店做服务生。母亲惋惜地说："孩子，兰蔻的大门对你关闭时，并不代表所有的机会都没了，你可以去别的公司试试。"她笑着说："总有一天，我会让兰蔻的大门为我而开，而现在我不管去寿司店，还是去快餐店，都不是梦想的终结。"

果然，她除了在寿司店兢兢业业地打工外，对于化妆的热情有增无减。她开始在家里制作舒适而简单的化妆教程，并将化妆教程发布在美国的网络上。是金子就会发光，她的化妆教程获得了惊人的点击率，不仅美国本土的网友，连世界各地的网友都争相观看。而她最出名的视频是关于如何化出 Lady gaga 的标志性扑克牌妆容，这个视频竟然得到了超过 700 万的惊人点击率。两年后，22 岁的她辞掉了寿司店的工作，开始全身心地制作化妆教程的视频。同时，受一位加拿大友人邀请，一起建立了护肤品牌 IQQU。她的影响力也不再局限于网络，许多时尚杂志也纷纷报道了她的事迹，有评论称她是"美妆界的 Bob Ross"。Bob Ross 是美国当代自然主义绘画大师，也有个著名的绘画教学节目《快乐画室》。但她却说，"我爱'变脸'的味道，我爱艺术，喜欢将一切都变成画布，包括女孩们的脸。"

后来，还不等她再次去兰蔻公司应聘，兰蔻公司主动向她摇起橄榄枝，和她强强联合成为亲密合作伙伴。她会定期在博客上推出以兰蔻当季彩妆品为主题的化妆课程和演示，以兰蔻彩妆大使的身份，继续为全世界的爱美女性传播专业又时尚的化妆教程。可以说，兰蔻成为了她梦想绽放的一个高度，而曾经被兰蔻拒绝的她成了兰蔻的"活招牌"。

从应聘兰蔻专柜小姐被拒，到成为兰蔻的彩妆大使，她只花了不到 4 年的时间。她就是风靡全球网络的化妆达人 Michelle Phan，她已然获得了梦寐以求的巨大成功。而她之所以能敲开兰蔻的门，就在于她对梦想的无比笃定，只要梦想的热度不降温，成功就不会永远可望而不可即。

用自己的甜，改变生活

梓欣是我的大学室友，5 年前，我们一起从一所二流理科院校的文科专业毕业，几经周折，终于各自找到了工作。梓欣应聘到一家外贸公司做前台，而我则在一家私企做文员。为了节省开支，我俩决定合租，一起在旧城区租了一个单间。房间并不宽敞，摆上两张行军床和一只布衣柜，就再也安插不上什么其他的东西，吃饭看书，只能在床上摆只小小的折叠桌。

那段合租的日子过得异常窘迫。我和梓欣的工资都只有 1000 多元，每月发工资之后，刨去房租和交通费，已经所剩不多，所以我们的晚餐通常是楼下小摊上两元一碗的米粉，再不然就是用电热杯煮面吃，惟一的调味品是梓欣从家里带来的一大罐辣萝卜，吃面时每人夹一块，就可以对付掉一大碗清水面。

刚上班，总不能穿得太不像话。一到周末，我和梓欣就一块去跳蚤市场淘二手衣服，在那里，只要有眼光有耐心，常常能花很低的价格买到质地不错的衣服。但就是这样的衣服，我们也不敢多买，幸而我和梓欣身材相似，衣服可以换着穿，才避免了衣着单调寒酸的尴尬。

因为处境的窘迫，我的心情变得一天比一天沮丧，只觉得生活苦涩无比。乐观的梓欣开导我，她要我将自己想象成一块方糖，放入咖啡里，咖啡就不苦了，放进茶中，茶也变得甘甜。"只要自己足够甜，就能融进苦涩的生活里，让生活也变得甜蜜。"梓欣笑着对我说。

于是，在那段困窘的日子中，我们常常用感恩的方式来排解自己的怨艾情绪。哪天吃到了新鲜的蔬菜，买到了廉价的衣服，赶上了末班公交车，我们都感恩一番，乐呵呵地告诉对方自己有多幸运。有时候辣萝卜吃完了，清水面实在难以下咽，我们就互相安慰："非洲儿童连面都没得吃……"这样一来，心情就变好了许多，低下头几口就能吞下碗中的面。

梓欣说，咱们既然要做改变苦涩环境的糖块，就要有让生活变甜的能力。她还说自己绝不想一辈子做前台。而我，也不愿意永远默默无闻地做名小文员。于是，我们决定一起学习，努力提升自己的能力。

梓欣的英文不错，工作单位又是外贸公司，于是她决定从这方面突破自己。而我有一点的写作功底，可以往文案策划方面发展。于是每晚下班后，我们都趴在自己的床头桌上看书学习，我埋头翻阅策划类书籍，而梓欣则认真地背单词听英语，早晨还要早起半小时去公园练口语。日子在我们的努力当中变得充实起来，虽然困窘依旧，但却仿佛有了甜味……

如今的梓欣，已经成为了一家外贸公司的业务主管，接手的都是千万元以上的订单；而我，也成为了一家知名企业的策划总监。现在的我们，都住进了舒适的公寓，穿上了崭新的职业套装。每当回顾起刚毕业时那段苦涩的岁月，我的耳边都会回荡起梓欣曾经说过的话：

只要自己足够甜，就能融进苦涩的生活里，让生活也变得甜蜜。

青春，
就要不停
地奔跑

一个人应该有一个

高得离谱的目标，

那样即使失败了，

也比别人成功。

青春，就要不停地奔跑

春天的午后，我躺在这座自己尚不熟悉的校园草坪上，尽情享受柔和的阳光带来的慵懒。电话响起，我并不想让任何事情打扰我的美好。直到它执著地响了一分钟后，我才不情愿地按下了接听键。"阿坚，你这头驴在干什么啊？"是他，是阿杰。"你驴啊！"在我感到喜出望外的时候，我知道这是最好的回答。"在这里说'驴'，都没人知道是什么意思。"远在长春的阿杰开始兴致勃勃地讲述自己这半年来的奋斗史。老人常说，有些事情只有自己经历了之后才能真正明白其中的道理，就像中国的文化，当我开始用"驴"这个修饰语的时候，才猛然间发现汉语的博大精深是再厚的字典都无法穷尽的。

第一次听到用"驴"来形容一个人是在大一将要结束的时候。考完最后一科英语，我拖着有些疲惫的身子回到宿舍。推开宿舍门，阿杰刚从床上爬起来，伸着懒腰问："干什么去了？"他的话让我有点摸不着头脑。"刚考完英语啊！""英语？我有点驴了。"那一瞬间，我发现阿杰那双惺忪的双眼突然变得明亮而后又变得阴暗，最后流露出懊悔与不甘。很显然，无论阿杰再怎么懊悔与不甘，都无法改变他缺考的事实，更是无法改变他成为一头驴的传说。

有人说没有哪些事情是注定的，但是事实却是很多事情是注定要发生的，就像有些人注定要成功，有些人注定要成为朋友一样。大学的第一个暑假，宿舍里只有我和阿杰没有回家——阿杰要准备英语补考，而我则希望能够在大学里做到经济独立。我费尽九牛二虎之力为自己找到了一份多数大学生都能做而又不是特别累的工作——家教。8月，S市的太阳像水泵一般拼命吸走人们身上的水分，炙烤着那些挣生活的人们。我每天早出晚归，尽心尽力工作，却始终无法在微薄的收入与要独立的誓言之间找到平衡点。令人奇怪的是，阿杰每天也是早出晚归，我却不知道他在忙些什么，因为他根本不用为了英语补考费很大的力气，他只是在等一个补考的机会罢了。

"阿坚，你每天这样累不累啊？"阿杰突如其来的一句话让我感到有些诧异，而他似乎并不在等待我的回答，"通过这段时间的观察，我发现如果在夜市摆地摊可以挣不少钱，并且我……"原来这段时间阿杰一直在寻找"商机"，他发现在夜市摆一个小摊位是不错的选择，投资小回报大，并且他已经找到了合适的摊位以及进货渠道。现在，他只是需要一个合作伙伴，我自然而然地成了不二人选。第二天，我便辞去了那份来之不易的家教工作，和阿杰一起在一条夜市街上卖起了 DIY 的 T 恤。

夏日的夜晚，夜市上人们熙熙攘攘。我们为人们提供绘画工具，让顾客在白色的 T 恤上尽情挥毫泼墨，着实吸引了不少年轻人。我不得不佩服阿杰的头脑，这样的一个小摊位给我们带来了很可观的收入，而我也真正做到了经济上的独立。就这样，我们守着夜市上的这个摊位，夏天卖 DIY 的 T 恤，冬天卖工艺品，每天的收入足以让我们过上很舒适的大学生活。

爱因斯坦曾说，一个男人与美女对坐一小时，会觉得似乎只过了一分钟；但如果让他坐在热火炉上一分钟，却会觉得似乎过了一年。美好与舒适的生活总是过得很快，当时间的脚步迈到大四时，我突然意识到梦就要醒了。在人山人海的招聘会现场，我和阿杰不知道投出了多少份简历，但却很少收到面试的通知。失望之余我们明白，这些都是因为我们的学校"太低调"了。那一晚，我们没有去夜市经营我们的"生意"。走在 S 市最热闹的街道，喝了酒的我们像疯子一般大声叫喊着："为什么？为什么？难道我们就注定一直做夜市的小贩吗？"是啊，我们很清楚在路边当小贩必定不是长久之计，人总要学会改变。

社会的竞争总还是有公平之处的，当它提高准入门槛的同时，也会给人们带来一个可以提升自我的机会。第二天，我们转让了摊位，变卖了所有的存货，考研自习室成了我们新的"战场"。

我告诉阿杰，如果我考上研究生的话，我要到另一个更大城市的夜市摆地摊。"你驴啊，考上研究生学校补助那么好，只有驴才去摆地摊呢。"阿杰似乎对未来充满了信心。记得有位师兄曾经说过，大四不考研，天天像过年。我和阿杰已经不敢奢望去过这样的年了，我们必须努力为自己争取一次改变命运的机会。为了充分利用剩下的每一分钟，我们随身携带了一本记录着各种知识点的小册子，只要一有时间便拿出来相互提问，每当回答错误的时候，都会受到对方的鄙视与叫骂："你驴啊！"这样的声音充斥了校园的每个角落：食堂、走廊、宿舍……当然也常常引来人们各种厌恶的表情和惊讶地回头，而我们却渐渐地发现这已经成为了我们日常生活中一项不可缺少的乐趣。

在经历了不知道多少天没日没夜的学习之后，我们从容地走进了考场，而两天的考试并没有想象中的那么不堪。那天晚上，我们喝了很多，阿杰说："谁要是喝不下去，就大声喊'我是一头驴'。"于是在接下来的半个小时，我们像两头驴一样的叫喊声不知道吓跑了饭店的多少客人。阿杰把我带到操场，拿出不知道什么时候准备的一盏许愿灯。我说："你驴啊，这玩意儿要是管用，我早就买一万盏了，还用每天这样像头驴一样啊！"虽然这么说，但我还是很虔诚地和阿杰一起倒腾着这盏不知道能不能飞起来的孔明灯，就像很多人说明天一定要好好学习，结果第二天还是很投入地玩着各种游戏一样。

那盏孔明灯在被我们烧了一个大漏的情况下，还是很不情愿地飞了起来，我们双手合十许下了自己在第二天就已经模糊的愿望。

有一句特别励志的话是这样说的："一个人应该有一个高得离谱的目标，那样即使失败了，也比别人成功。"考研的结果揭晓，坏消息是我们都没有考上自己理想的学校，好消息是我们都被调剂到了比现在的学校好很多的学校，我们有了一个更高的平台。分别的时候阿杰告诉我："好好混，再也不要像现在这么驴了。"

听着电话里阿杰讲完这半年多的奋斗史，我起身向图书馆走去，我仿佛看到了两头草原上不停奔跑的驴……

永远年轻，永远热泪盈眶

那年我上高三，7月里就要高考。同月崔健在首体开演唱会，日子就定在高考前的几天，3号和4号。我真想去看，这念头一上来，就怎么也打消不了。那阵子我学习学得都抑郁了，演唱会开始那天，在家哭得死去活来。我爹拗我不过，就带我到首体门口，说，你就在这儿听，等你疯够了咱就回去。我兜里的钱不够买张黄牛票的，这时候再怎么苦苦哀求他都没用了。

事情到这一步，我也妥协了，抹着泪儿想，哼，等我上了大学想怎么看就怎么看。大学四年我实实在在地等着，工作以后，有一搭无一搭地等着，可崔健没有再在北京办演唱会。期间看过一两场他的小型演出，觉得很不过瘾，因为崔健的面貌不应该是这种小打小闹的面貌，看他的演出必须得是一项大型集体活动。也没考虑过追到别的城市去看，觉得那样味道就不对了。

我一直相信不准他在北京商演的禁令有一天会解除，只是没想到这一等就是一个轮回。我等呀等，都等到……还好头发没白，终于给我等到了。

昨晚去首体看老崔的演唱会，还以为他一开口我会泪如雨下呢，实际情况是我根本没多愁善感到那地步。上座率不错，观众群情激昂，老崔的状态和演出水准好得没话说，唱得比 CD 里还清楚，过场话讲得也很诚恳。有一半以上都是老歌，仿佛是为了弥补 12 年前我的缺场似的，可这晚我的到场，不正是为此吗？

歌词我很多还记得，虽然五音不怎么全，rap 还是会的。老歌一上来，整个就一集体大合唱。新歌中，最喜欢《农村包围城市》，唐山话比港台腔听起来舒服多了（老崔说，难道我们不是农民的后代吗？怎么到了城市就忘了本儿了呢），但也有几首旋律或节奏不招人待见，要是没有老歌垫底儿，演唱会恐怕要乏味得多。气氛很 high，我几乎是蹦着跳着听完了两个小时的演唱会。我前面的一排人，在最后把他们精心准备的条幅拉出来："老崔，我这就跟你走"。老崔应歌迷要求加唱的歌曲别有用心地准备了《一无所有》和《不是我不明白》，看来也是他现在的世界观吧。

回家的路上，半个金色月亮升上来，收音机里北京音乐台的张有待正在做一辑和月亮有关的节目。歌曲从月亮河、银月亮、像樱桃一般的月亮、月亮、让我们向着月亮远航，一直到 HARVESTMOON，都特好听，算起来，听有待的节目正好也有 12 年了。老崔演唱会的名字叫"阳光下的梦"，他在舞台上说，"我敢拍着胸脯说，我们 12 年前的梦想到现在还活着。"梦想这玩意儿，人们平时都不好意思挂在嘴边，仿佛它虚无的就像月亮一样。

就想起《达摩流浪者》中凯鲁亚克的名言："愿主赐福给所有身在酒吧、滑稽剧和坚韧的爱之中的人，赐福给那倒悬在虚空中的一切。不过，我们知道，我们是永远不变的——永远的年轻，永远的热泪盈眶。"

只有努力，才能证明自己的选择

即使失败，也是一种成长；即使迷茫，也都是青春的代价。

前几天收拾东西，从柜子里掉出来一摞汇款单。汇款单用曲别针别着 100 多张，最上面的一张用钢笔写着"这就是成长啊"，下面签着我和一个叫 Lily 的女孩的名字。我坐在地上，翻着每一张汇款单，一张一张地看。那是我大三第一次正式的实习，和一个叫 Lily 的实习生一组。我们从来没有填写过汇款单，里面的很多要求我们不知道，比如数字要大写，每个字之间不能有空隙等，越是严格，就越是紧张，然后我们写一个错一个，写了 100 多张才写好那么几个人。记得当时老板拿着一摞废掉的汇款单跟我们说："保存起来，五年之后再翻出来看看，这就是你们的成长。"

我保存了下来。我和 Lily 一起做了 6 个月的实习工作，一起吃便宜的午餐，一起写每一份文案和策划，一起战战兢兢去财务部领 1200 元钱的工资。那时候的我，每天要坐 2 个小时公交车上班，再坐 2 个小时公交车下班。那时候一天的公交费 2 元钱，坐地铁的话要 10 元钱，不舍得坐地铁，只能坐公交车神游三环一大圈。

Lily 是外地高校的学生，实习期间住在当时的朋友家里。在北京胡同的平房里，朋友和父母住在一起。她不怎么习惯平房，也不习惯对方的父母，做什么事情都小心翼翼。相比我的路途遥远，她的寄人篱下更让人觉得难受。

那时候的我们对未来没什么明确的打算，她在学 GRE 考托福想去美国读研究生，我在想是留在这家公司转正还是申请一家更好的公司去实习。我清楚地记得，我们都不知道未来，但谁都不迷茫。

我们在一起度过了那段实习的所有时间，然后彼此离开。我去了一家更大的公司继续实习，她真的考上了美国的研究生。再后来，我毕业找到了梦想中的工作，Lily 在美国读完研究生留在纽约工作。某次她跟我谈起她梦想中的公司要求要有"不带薪实习 9 个月"在前，我大呼："这哪里是实习，这分明是生存大考验啊，你是在纽约啊！"

五年后的一天，当我翻出那一摞汇款单的时候，拍照发给 Lily，她正在银行签贷款合同，在纽约买下自己人生的第一套公寓。是的，五年后的我们，都各自长大，过着让自己感到合适和舒服的生活。我们都是普通的女孩，我们的每一步都不是很完美，我们彼此也没有谁强谁弱，我们都在洪荒宇宙中像一颗粒子一样慢慢前行，即使失败，也是一种成长；即使迷茫，也都是青春的代价。

只是，我们都觉得，每走一步都要对得起自己。

有人问我："我找了个工作，老板给我×××待遇，我觉得不公平。"亲爱的，我不知道这份工作值不值得你去做，我只能说说我自己。第一份社会实践，一天30元，拖半年才付款，其实也就几百元；第一份实习，两个月一共700元，连纳税的起征点都不够；第一份工作，人人羡慕的大公司，起薪3000元。我周围也有很多牛人，有的男生毕业进了高大上的咨询公司和投行，有的女孩还没毕业就创业，一天能赚十几万；有的随便学学就能GRE考高分拿着奖学金去美国。但这些都不是我，他们都只是我身边最亮眼的那些光芒。我抬头看看他们，再看看自己，除了低头努力，真的说不出什么。我不知道怎么去考虑自己做某个事情值不值得，我只知道以自己的背景和底子，想要得到自己梦想中的东西，就要一步一步垒宝塔一样去做，无论是工作与生活，还是爱情与婚姻。

有句话是这么说的："根本没有正确的选择，我们只不过是要努力奋斗，使当初的选择变得正确。"就是这样。

青春，最不需要的是所谓的稳定

朋友 D 回不了北京了。

那年毕业分配，军校的他一切准备就绪，领导跟他说，你先去基层任职一年，然后回北京。

D 点头说，只要能回北京，基层无论多远，我都去。

我曾经跟 D 讨论过所谓的稳定，那个时候，我已经是一个自由职业者了。

他说，体制内稳定，组织给解决户口问题，每个月都有死工资，不用担心吃穿，还有空闲时间做自己的事情。

我说，那种稳定，总觉得怪怪的。

D 说，你看，你每天必须充实奋斗，而我不一样，我可以躺着睡大觉，一个月还有五千元的收入，再看看你，如果一天不奋斗，就没有了收入。

我说，可是，人生不就是要奋斗吗？

他说，但是我的更稳定，我有了稳定生活，也可以继续奋斗啊。

我说，可是人既然拿了每个月一样的工资，所有人干活和不干活都得到一样的回报，谁还会继续干活呢？

他说，可是很多人都在追求稳定的生活啊。

我说，很多人做不代表它是对的，我不觉得你稳定，因为你的生活是靠着一个政策或领导的一句话，可变性太大。而我的工作，凭借自己的努力，市场会给我一个相对公平的分数。只要我每天奋斗，生活是在我自己手上；可你不一样，你的生活在领导、体制手上。

他问，什么意思？

我说，比如你要回北京，要找人，要求人，要给钱。而我，只要有一技之长，想去哪里就去哪里，总能找到工作，饿不死。

他说，但是去北京的结果是一样，我过得更容易一些。

我没说话，风吹得很猛烈，吹到我们的内心：一颗红彤彤，一颗懒洋洋。

那个冬天，D离开了北京，去基层任职。

一年后，命令下来了，D回不了北京了。因为回京名额被人顶了。

我曾经问过自己，到底什么才是稳定，一份稳定的工作、一个户口，还是一套三居室房子。可是，直到今天，我很难理解为什么每个月五千块钱上班喝茶看报纸就是稳定，很难理解一个人要有一套房子之后才能去爱一个人，很难理解必须要有北京户口才能在北京开始生活。

想到曾经央视的一个朋友 S。那年，我和她在旅行时聊天，她告诉我，央视好啊，工作稳定。

我说，怎么见得呢？

她说，一个月七千元，五险一金。你虽然赚得不少，但不是那么稳定啊。

我说，我一个月少说五千元，多的时候几万元。总的来说比你多。

她说，我们发米和油。

我说，我可以买，其实没多少钱。

她瞪着我说，但是每天朝九晚五。

我说，我每天睡到自然醒，晚上上课，白天写剧本，深夜看书。

她说，我有年假，可以旅游。

我说，我想去哪里去哪里，想什么时候去都可以。

她愤愤不平，那一路，我们没有再讨论这个话题。下车前，她跟我说，李尚龙，你很不成熟。

我没说话。

几年后，S 被台里派到巴西。同时，她的男朋友从外交部被派到南非。两人开始异地恋。

临走前，S 告诉我她不愿意这样，两个人刚开始讨论结婚的话题。可是领导说回来升职会很快。

那时我正在谈恋爱，女朋友去了美国，也在异地恋。

我说，我明天去美国，找她去。

她喝了一口酒，说，还是你稳定。

几年后，她从巴西回来，我们都分手了。她说，你看，我们结果是一样的。

我说，我们分是因为最终无法平等交流；而你分，是因为你们被迫异地了。那天我们回到了最初离别的酒吧，她告诉我，她要辞职，她笑着告诉我，她从巴西回到央视，已经物是人非，没有岗位给她提供了。留下的，只剩下巴西那段经历。

我说，如果你不走，他们不会赶你走的，对吧。

她说，不会，毕竟工作性质很稳定。

我说，那多好，为什么不留下来。

她说，有什么意义呢。

她眼睛看着窗外，灯光照到她的脸，泪光被照得晶莹透亮，就像她在纪念自己无法控制的青春。

她回头跟我说，你比我成熟太多。

那天我忽然明白，这世界既然每天都在变，所谓稳定，本身或许就是不存在的。这世上唯一不变的就是改变本身，所以唯有每天努力奔波，才不会逆水行舟不进则退。我们父母那个年代所谓的组织解决一切、政府承包所有的生活，已经一去不复返了，随着经济快速发展，早已经完全改变了。

可是，在我们身边还有多少人，为了户口丢掉生活，为了稳定丢掉青春，为了平淡丢掉梦想。

前几天，我再次见到了D，他又跟我讲了一个故事。他的师兄，三十岁，稳定了半辈子，娶了老婆，正准备生孩子，忽然某个月，犯了一个错误被开除了。

他离开稳定的岗位时，居然发现毕业八年，他除了喝茶看报纸写不痛不痒的文件拍马屁什么也不会，他拿着自己的简历，跟刚毕业的大学生竞争岗位，可是除了年龄，他丧失了所有的竞争力。连大学四年学会的计算机，也随着平静的日子，丢掉了。

一年后，老婆跟他离婚。一天他拖着疲惫的身躯，跟D说：如果你要走，就早点走，就赶紧走；如果不走，也别在最能拼搏的年纪选择稳定，更别觉得这世界有什么稳定的工作，你现在的享福都是假象，都会在以后有一天还给你，生活是自己的，奋斗不是为了别人，拼搏也是每天必做的事情，只有每天进步才是最稳定的生活。

是啊，只有每天进步才是最稳定的生活。既然如此，为什么要为了所谓的稳定放弃浪迹天涯，为了稳定丢掉生命无限的可能。既然世界上最大的不变是改变，那么就在这多姿多彩的生活里努力绽放吧。

　　行走的路人，没人喜欢平稳的泥土，无论泥土多芳香，再忙碌的人也会多看一眼风中的百花。即使它们不像泥土那么稳稳地在那儿，但它们的努力绽放，毕竟给这世界带来了难忘的片段。这个，是不是你我想要的呢？

足够努力，才会足够幸运

很多成功人士在走过红地毯，站到颁奖台上，谈到自己的成功时，往往爱说"其实，我很幸运——"，台下的观众和电视机前的观众，就真以为"他很幸运"，也最爱听这句话。当然，这样认为的好处是：自己不够成功，是因为不如成功人士幸运，并不是能力不够，如果自己也像他那样幸运，也是可以站上去的。这样一来，自己不够成功的不平衡感没有了，自己不够努力的内疚感消失了，心情像阿Q一样又愉快起来。但睡一觉醒来，回想起昨日成功人士所获得的荣耀，再看看自己的苦生活，顿时又有一种怅然若失的感觉，就又变得闷闷不乐起来。

千万不要相信成功人士那句话，那是一种自谦。或许是因为看到了更大的局，像牛顿；或许是为了戒骄戒躁，像毛主席；或许是为了怕你们羡慕嫉妒恨。实际情况是：幸运绝非偶然！正像歌曲《真心英雄》中唱的那样："不经历风雨，怎能见彩虹，没有人能随随便便成功。"除非是富二代、官二代，每个成功人士其实都走过一段异常艰辛甚至血泪斑斑的道路，只是很多人并没有向外人说起而已。正像我们上中学的时候，看着那些学习好的同学好像也不怎么用功，其实他们回家就是"头悬梁，锥刺股"。

幸运的人都至少做了三件事，如果你没做这三件事，就知道自己为什么还不够幸运了：

第一件事是明确知道自己想要什么。想象一下，你站在十字路口，想坐上一辆能够让你快速到达终点的公交车，看着公交车来回穿梭，你决定上哪一辆呢？如果你没有方向、没有目的地，那么，哪一辆都无法载上你，你只好在十字路口徘徊。"如果你不知道去哪里，往往你哪里也去不了。"那些总是事业没有起色的人，那些总是错过结婚对象的剩女，你之所以抓不住机遇，无法跳上一辆让自己快速前进的公交车，其根本原因是你不知道自己到底想要什么。所以，先想明白自己想要什么，才会识别机遇，才不会错过幸运；不知道自己想要什么，就无法识别机遇，就会与幸运失之交臂。

第二件事是为想要的东西做好充分的准备。很多时候，我们知道自己想要什么，比如一份心仪的工作、一个心仪的伴侣，但当它们来到我们面前、触手可及的时候，却发现自己没有准备好，没有足够的吸引力，让心仪的工作和伴侣也心仪我们。这时候，我们会后悔当初没有为它做些什么，但后悔又有什么用呢？"机遇总是垂青有准备的头脑"，没有准备好，自然也就得不到垂青了。所以，不要总是谈梦想，梦想谈一次，明确一下就够了，重要的是为了靠近它而不断地积累，不断地埋头准备，"唯有埋头，乃能出头"。学校每年都有出国留学的机会，如果你英语足够好，机会就是你的。问题是：你英语足够好吗？

第三件事是勇敢地去争取。很多时候，我们也知道自己想要什么，也做了充分的准备，但事到临头，却不敢积极主动去争取，前怕狼后怕虎，患得患失，结果机遇被别人抢走了。大学时我暗恋过一个女生，但害怕被拒绝，迟迟不敢表白，直到有一天，看到这个女生和一个比我要差得多的男生在一起，我才后悔莫及。这世界最痛苦的事情莫过于，在毕业多年后的同学会上告诉她："其实，那个时候我很喜欢你——"说这些还有意思吗？只能让伤感更伤感，让后悔更后悔。职场也是一样，当我们看到多年前一起共事的同事，如今人五人六，然后酸溜溜地说："其实，那个时候我也想去，可惜被你小子捷足先登了。"说这些还有什么用？当初你干什么去了？职场拒绝意淫，想要，就要大胆地说出来！

你知道自己为什么还不够幸运了吗？总结一下，就是：

第一，不是没有机会，而是你不知道想要什么，无法识别机会，所以错过；

第二，不是你不知道想要什么，而是你没有为想要的做好充分准备，所以它来了，你抓不住；

第三，不是你不知道想要什么，没做好充分的准备，而是该勇敢争取的时候，你不够勇敢，所以你也没抓住。

我这样讲，其实是不招人待见的，你可能也很不爱听，但好听的往往不真实，而真实的往往不好听。人只有诚实地面对自己，才能不断进步。你是希望知耻后勇、不断进步呢，还是希望自我麻醉、原地踏步呢？

还是那句话：成功绝非幸运，幸运绝非偶然！

人生不是考试，怎么选都正确

前几天看到一个广告，我突然想起了曾经的一个香港客户。她是一个大陆女孩，她不是那种在香港毕业就留下来工作的，而是在北京工作了一段时间又跳槽去香港的，这样会比毕业直接留下来工作还要艰难许多，无论从语言、习惯，还是背景来说。我们熟悉了之后，偶尔她会跟我讲很多困难，比如老外老板的难伺候，香港打工族的加班与拼命地环境让她工作得很辛苦。我因此便总是劝她回来，内地的生活总归习惯，会过得舒服一些。但说归说，她还是一直坚持着。有一次我跟老公说起在香港工作的不容易，老公说："其实我们在北京看她，就好像老家的人在小城市里看我们，在哪里工作，选择了怎样的生活，承担怎样的人生，都只是选择不同而已，并没有对错之分，关键是你有怎样的内心，去承担和迎接想要的那个自己。"

说到这里，我想起了我的表姐，那个曾经也在北京上海大城市奋斗过的女孩。她是我身边最典型的那个，总在不好的环境里为自己想要的生活做出勇敢选择的人。表姐比我大五岁，从小家境不算特别好，于是上了一个美术中专。那时候刚开放全民高考，表姐用一年的时间学完了高中三年的课本。因为时间太少，没时间理解太多，加上底子比较薄弱，只能把课本习题摊在地上床上桌子上，死记硬背，强迫自己学习。一年之后，她真的考上了大学，并被录取到自己憧憬的设计专业。因为家境不好，大学期间就开始各种勤工俭学，艺术类每年上万元的高昂学费都是他自己打工赚的钱，还攒到几万元给父母。毕业后的表姐先后来到北京和上海，从最小的广告公司做起，月薪3000元。那时候我去过一次她租住的农民房，现在回想起来，我都不知道那是几环开外的地方，就记得自己不停地倒公交车，倒了三四次才在一个荒无人烟的地方找到她的房子。工作几年后，因为家庭原因，表姐回到了老家。按照现在很多人的看法，从大城市回到老家，一腔抱负还怎能施展得开？但表姐没有过这些顾虑，或许她有，但是愿意去打破和尝试。在一个省会城市，回老家五年，表姐已经是当地最大的超市集团的广告部总经理，无论从收入还是社会地位，都已经成为了同龄人中的佼佼者，温暖的老公、可爱的孩子伴在身旁，谁能说离开大城市，就无法成为人生大赢家呢？

很多人写信问我："我应该留在大城市，还是回老家？""我应该考研还是工作？""我应该学什么专业？""我应该辞职还是留下来继续忍耐？"其实，没人能告诉你该怎么办，因为没有人是你自己，只有你才能为自己的人生负责。所谓的人生大赢家，并不在于你在哪里、做什么，而在于你在自己选择的路上，是否拥有强大的内心来支持你想要的生活。

很久以前看过一篇文章，讲两个小学同学的太太在一起讲述自己过去的生活，A 太太一生征战商场，赚了很多钱，享尽荣华富贵；B 太太一生在小城市里相夫教子，老了打牌，含饴弄孙。当她们再相遇的时候，A 羡慕 B 一生安安稳稳的美好生活，B 觉得 A 看尽世界风景一辈子值了。其实，人生不是考试，从来都没有标准答案。所谓选择，也并没有对错，不是选了 A 就是人生大赢家了，也不是选了 B 就人生一败涂地。

你也许不知道，大城市里熬夜加班的两只红眼睛，正在羡慕朋友圈里在小城市跟世界说晚安的人；而小城市里薪水不高的他正面对你遨游世界的照片暗暗着急；朝九晚五的你，正在对那群每天飞来飞去的空中飞人羡慕不已；自由职业的人，正在为自己下个月的收入能否付得起房租焦躁捶地。每一种人生的选择，都有自己的代价与收获，不同的选择，能看到不同的风景。没有成败，没有对错，唯有不同而已。

不要在意别人的眼光，别总看着别人的生活，后悔自己的选择，坚持你认为对的，做你自己想做的。人生没有固定的轨道，无论你选择怎样的方式生活，只要内心强大，都可以很精彩。重要的是在你选择的道路上，你想要什么，以及你做过了什么。

青春，因为梦想而美

大学毕业那年，吃不完的告别宴和散伙饭，拥抱每个人，掉泪，喝醉，酒醒之后我才意识到真的要离开学校了。几个大包裹，一袋一袋装上出租车，那是我生活的全部重量。

不久后，我坐上开往北京的火车，开始了北漂生活，梦想着拥有一份满意的工作，遇见一个一生一世的爱人，出版一本被很多人读到的书，并且得到好评。

漂在北京，职场上打拼，起起伏伏，又离开，然后创办了自己的公司。

创业比我想象的难，一路上边走边探索，带着一支怀揣梦想的队伍，肩挑重任，忙于琐碎，疲于奔命。这条破釜沉舟的不归路，剥夺了我所有的时间与精力，我背负着沉重的使命和一队人马的未来。几次以为快要撑不下去，差一点就要放弃的时候，最后都又倔强地挺了过来。

创业几年，收获了一些名利与虚荣，更多的是人情和历练。压力大时经常失眠，于是不睡了，在微博上自由自在地写点经历过或听来的故事，打发不眠的时间。其实是用特别的方式减压，并勉励自己，扮演一个创造正能量的人。没想到被一些人喜欢，留言说，每晚都等你的故事，不然无法入睡。只是感动，有点自嘲地觉得，当初自命不凡的我，现在竟然在微博上哄人开心。

没有人记得我曾经多么热爱写作，那才是我最初的梦想。为了第一本书能出版，我撑把单薄的伞，在出版社门口等那个约好的编辑到来，听了几个小时雨声，一直到浑身透湿。

如今，有不少编辑因为微博故事找到我，想说服我出书："相比微博上的快餐阅读，传统的出版物更有成就感，你应该自有分辨。"我拒绝，一天恨不得掰成两天用，哪来的时间！

我当一个玩笑说给公司合伙人听时，他反问："为什么不写？这是我们青春的纪念。"

"现在出书会不会是一件哗众取宠的事？"我内心害怕被人拿来比较，不想遭人诟病：看吧，耐不住寂寞，创业不得志，改为写作赚钱？

朋友奚落我："想多了，哪有那么多人在意你，就当是纪念大家共同漂泊的岁月，整理成册，人手一本，只为取悦自己嘛！"一句话惊醒我，我们从来都不是万众瞩目的名人智者，只是个艰难又勇敢的同路人，有人看得起已是幸运，何必瞻前顾后地矫情呢？

于是克服了各种困难，埋头写作。不承想，那些青春时的疼痛、委屈、愤怒和绝望，竟然都变得云淡风轻，我像个事不关己的旁观者，认真地记述着过去发生的一切，柔软又温和——即使是经受痛苦和孤独、迷茫与惆怅、诋毁和质疑……青春，也因为拥有梦想而无限美好。

你的努力，终究会兑换成喜悦

[至难，致远]

桑雨是她的网名，我们相识于一个叫作"五道口落榜群"的QQ群。

五道口是原中国人民银行金融研究院的别称，现为清华大学五道口学院，一度被誉为金融学考研的巅峰。考研成绩出来之后，不知道是谁建了这个群，但我们在群里热火朝天地聊天时，都暂时忘记了落榜的痛苦。

后来，我们一起去参加另一个学校的调剂复试，我才见到了现实中的她。她是典型的南方女孩，外表娇弱，声音很轻，但我一直记得她倔强的眼眸和一针见血的谈吐，也记得我问她为什么要考五道口时，她只回答了八个字："犯其至难，图其致远。"

那时候，考上五道口的人里有很多是二战甚至三战。我是第一次考，她已经是第二次考了，我们俩一样差四分到复试线。想必她也和我一样，听到的言论多是："啊，只差一点，明年肯定就考上了！"

可就算"只差一点"，我也没有勇气再考一年。她也有些纠结，因为她如果再考一年就是三战了。这场没有硝烟又孤军奋战的战役，没人能为你担保"明年就能考上"，更没人帮你分担那些黑夜里睁大着眼睛寻找希望的孤寂，还有孤注一掷、背水一战而承担的莫大压力。何况女孩的青春原本就转瞬即逝，为一个学校赌上三年的时光，家人的担忧、朋友的劝阻连同自己的怀疑都像是一条难以蹚过的冰河，举步维艰，不可逾越。

可我只听她轻描淡写地说起她二战时独自在校外租房复习的种种。我挺佩服她的，不说别的，就每天十四五个小时的复习强度，已经超越了多少考研人。南方没有暖气的冬天，她独自一人在出租屋里抱着热水袋看书做题，那么荒凉贫瘠的环境里，她心里却全是温热的希望。

调剂复试之后，我被录取了。数番波折，百般纠结，我放弃了为五道口二战的想法，而她，还是毅然回去准备了三战。

后来，我们没再联系过。我开始了研究生生活，她又翻开了那些数学复习全书、英语单词红宝书和不知看过多少遍的专业课笔记。整整一年里，她的QQ签名一直是阿兰·德波顿的那句话："我们在黑暗中掘地洞之余，一定要努力化眼泪为知识。"

一年的时光呼啸逝去，和已经过去的每一年一样不留痕迹。第二年的春天，朋友发给我一个链接，是五道口的最终录取名单。

我一眼就看到她的名字赫然在列，初春的风穿过窗吹进来，让人无法抑制眼里的热泪。为着我所放弃的路途，她举步维艰地走到了终点，再明艳的鲜花、再响亮的掌声都不够作为对她的嘉赏。我想象她一个人蹚过寒冷的冰河，遍尝孤独的滋味，在无人给予鼓励时用强大的内心力量源源不断地滋养着自己，终于走到了一个莺飞草长的春天。

三年的青春换一个梦想的入口，多少人问到底值不值，甚至有很多人称呼坚持数年考研的人为"考研病人"。可青春里的呼啸奔跑、颠沛流离，从没有多少对错和道理，"值得"二字可至轻也可至重，度量全在人心。我只是一早就知道，那个柔弱的她终将闪耀，如日光投射辽阔原野，如流星之于无垠天际。

[无畏的青春]

这段时间整理新书的书稿，那些模糊的往事带着新鲜的潮湿卷土重来，我差点儿就忘了，我也曾为它们写过那么多的字。我觉得，以后我也再难写出比它们更坦荡赤诚、饱含热泪的字迹。因为它们所代表的坦荡赤诚、饱含热泪的岁月正一步一步和我告别，在我依依不舍地远离校园时光时。

时光倒回到一年前，我沉默地写着它们时，我在豆瓣只有

100多个关注，并没有多少人看到。而实习单位却有几百个客户等着我一一拜访，他们都要忍受我在任务压力下不厌其烦口干舌燥的营销。我早已不记得他们的脸、自己开口前的尴尬忐忑以及那些少许热情多数冷漠的回应，只记得炙灼暑气下发烫的公交车座椅，盛热正午餐厅里的小憩，还有因为手里濡湿的汗水而变得皱皱巴巴的产品单页。

所以实习结束的那一天，我终于得以从西裤换成西瓜红的小热裤，和小伙伴笑着闹着走在路上，只看到天空由于秋意的初临而变得清朗高远，一大蓬又一大蓬软绵绵的云彩让人想要跳起来大声 say hi。我们都晒黑了累瘦了，可奔向未来的脚步铿锵有声。

后来开始找工作，我经常拿出它们来看看——在北京的深秋晚高峰的地铁站里，一条条地刷新招聘通知时，在天津的初冬穿着单薄西装大衣难以抵御突如其来的降温和大风时，在上海火车站候车大厅边等火车边看第二天要面试的企业简介时。那些字迹，在后来温暖无数个陌生人之前，首先无数次地温暖了我自己。在我不知何去何从时，它们提醒着我过去的自己曾有过的勇敢和无畏，一路奔跑的身影和终于迎来的赤色艳阳。那些字迹，一个又一个，都是跳跃滚烫的初心，在字里行间得以永久封印。

时间倒回到两年前，也是暑假，第一次看到《异类》里的一万小时理论，我在愿望清单里写了好多个愿望，其中一个是出版一本书。后来是马不停蹄的实习，和因为要考证总要在自习室里熬至深夜的场景。疲累又迷茫的日日夜夜里，我反复叩问思索，期待着命运给我一次从容选择的机会。11 月独自在宿舍写字，一推窗，白茫茫的新鲜雪地，仿佛大梦初醒一般让人心中一动。旧事纷纷如飘零落雪，只有想到自己一路奔跑、一直成长的路途才觉得凛凛寒风并不可畏，也只有自己才能将一个雨水温热山川温柔的春天唤醒。

时间倒回到四年前，上千人在一个闷热的大教室里听考研数学课。我从第一排转身向后看，他们的神情竟出乎意料地相似。后来那样的神情我在拥挤燥热的企业宣讲会上看过，在水泄不通的招聘现场看过，在公司新入职培训的动员会上看过，在校园里手挽着手热烈地谈天说地的人群中看过。

我才知道，那神情，属于无数个年轻的你和我，属于贫瘠年华里对未来最恳切的热望，属于被现实打败之前耀目荣光的无畏青春。

[努力兑换一抹温柔]

有段时间，网上盛传一篇叫作"为什么要努力"的帖子。也有人问我，为什么要努力？我想，是因为人生有那么多就算你努力了也无法掌控的东西。比如你寤寐思服的那个人的心，比如父母渐渐老去的容颜，比如时间如流沙一般无可挽回地逝去。所以，对于那些努力了便能扎扎实实握在掌心的东西，为什么不珍惜、为什么不争取呢？

说到底，年轻时所有的你追我赶、冲锋陷阵，不过是为了兑换一场酣畅淋漓、了无遗憾的时光而已。让无数个看似庸碌平凡实则丰饶激荡的灵魂，在陷入回忆时能露出一抹温柔的笑意。

你一定和我一样，明白除了在寒风中裹紧衣领往前走，则别无他法能带我们走向一个温柔明媚的春天。

而我也知道，在被庸碌的现实俘虏之前，在被琐碎的生活招安之前，你终将闪耀，如日光投射辽阔原野，如流星之于无垠天际。

你想要的生活，必须靠自己的双手

二十二岁的 S 姑娘，在小城市有着一份不错的工作，却为婚嫁之事所烦恼，不出众的外貌和略有些汉子的性格让她的桃花迟迟不开。她打算出国或者换工作到大城市，但迟迟无法下定决心，一方面现在的工作是高薪国企，一方面惧怕出国的复杂流程和大城市的激烈竞争，就这么纠结了六年，到了二十八岁，由于社交圈子的狭隘，她还是那个长相平凡心思粗放的她，只是成了剩女。工作上由于性别和单位性质的限制，虽然已经十分刻苦，但仍然是普通职员。她的高学历和单身身份让她在小城市备受侧目，于是她狠下心来，跳槽到了上海。

新公司给了她一个职位，还提供了一个有院子的宿舍，工资也比以前高好几千，攒攒钱，再加上以前的投资收入就可以付个首付。工作对于出色的她来说并不算有难度，多年积攒的经验让她如鱼得水，她开始收获以前很少得到的肯定。刚换工作再加上加班比较多，她并没有很多时间去认识新的人，但是随处可见的书店、公司边上的健身房和类型多样的活动已经让她开始关注时尚、新事物和自己。公司的大龄姑娘有好几个，她也不再觉得孤单，不再觉得自己是异类。

有一次她代表公司去交涉业务，对方公司的小伙子见她做事认真待人诚恳，要了她的电话号码，后来开始约她吃饭。她压抑了许久的心情慢慢变好起来，开始想如果六年前过来就好了，其实仔细想一下就知道她的条件更适合看重能力的地方，而且她也很喜欢丰富的精神生活，这里还有很多比她优秀得多的单身男士，她甚至开始决定准备出国，只是那虚掷的六年的时光再也回不来了。她也许依然不可以组建一个家庭，但绝对谋得了一份好职位，开始快速地成长。有些事情你不做，你想要的生活就得不到。

二十五岁的 K 姑娘，奔波在相亲之路上。她最近的一个相亲对象觉得她别的都很好，就是有点胖，其实不算胖，一百二十五斤，只是略微丰满，但在这以瘦为美的年代成了靶子，即使她面若桃花，也不能抵消掉这多余的二十五斤。

K 从来没瘦过，所以她从不认为是体重的问题，她责怪这个世界太过看重外貌，责怪男生们太过势利，相亲时去那么差的餐厅，责怪自己命运不好，但是依然难逃相亲时对方的冰冷，和相亲后对方的销声匿迹。世界没有为她改变，她却在一次次失望中开始丧失自信。她变得更胖，也不如以前那么活泼开朗，甚至有些自闭。

她不明白自己为什么到了二十五岁，还没经历过一次像模像样的爱情，都是隐形女友、异地恋，甚至有一次差点成了小三。

直到这一次相亲对象直言你有点胖哦，她看着对面长得歪歪扭扭，说起话来口无遮拦，付起钱来磨磨蹭蹭的陌生男子，突然流下眼泪。然后她开始减肥，手法很激烈但也很有效果，就是纯饿，三个月后她已经是95斤的长腿美少女。

身材高挑的她穿上高跟鞋和短裤走在街上，再加上本来就很好看的五官，大部分男生都是要多看两眼的。各式各样的朋友开始主动找她吃饭和聊天，大家发现她原来是这么美好的女孩子。她的乐观开朗，她满院子的花花草草和一手好厨艺，她的善良温柔和优美的文笔，都在她的瘦削和凹凸有致的身材下熠熠生辉起来。

看着办公桌上一大束昂贵的玫瑰时，她觉得以前的日子恍若隔世，她不知道为什么自己花了那么久的时间去过一段那么可怕的生活。

十七岁时候不减肥你没有初恋，二十五岁不减肥你依然没有初恋。爱情和工作一样都是谈条件的，只是条件不一样，有些事情你不做，你想要的生活就得不到。

三十岁的Q姑娘，奔波在尘土飞扬的生活和父母弟弟严重的情感勒索中。她自己住在地下室的角落里，穿着五年前的衣服，头发干燥枯黄，一脸的沉重和苦涩，时常半夜里哭，不知道未来在哪里。如果有电话响，肯定是母亲打过来诉苦和向她要钱，她所有的积蓄都拿给弟弟买房子了，现在小侄子出世了，各种费用依然是她负责。偶尔不答应，想起母亲苍老的模样和多病的身体，又心生难过。

她是不聪明但用功的女生，所以在工作上常常遇到不如意的事情，也没有时间谈恋爱，对于示好的男生又不懂如何回应，这些生活和情感的压力常常让她喘不过气，再加上一家人的期待在她身上的负担，她有种生不如死的感觉，但还在努力地撑着。直到有一天，弟弟又打电话过来要钱，而她刚刚为了省卧铺钱坐了两天一夜的硬座，她突然觉得悲哀又愤怒，因为弟弟要钱不过是不肯安装2M的宽带，而一定要装4M的宽带。

她决定结束这一切了，她打电话给母亲，说出这么多年的辛苦，说以后可能要为自己考虑了，母亲惊讶且愤怒，指责她是白眼狼，并把电话挂了。弟弟又打电话过来，质问她为什么这么做，把母亲都气病了，并对她进行了批评。她想了想，飞回去看了家人，悉心照顾母亲，但还是坚定且温和地坚持着自己的主意。过了几天，母亲突然哭出来，说：这些年也多亏了她，现在是该考虑她自己了。她温柔地抱着母亲，说并不是责备他们。

回来之后，她就轻松淡定了许多，拿出攒了许多年的公积金付了首付，商贷买了房，甚至任性地透支了点信用卡，为自己买了个高端手机、几件漂亮的大衣，做了一个新发型。她还为母亲买了一件羊毛的大衣，告诉她弟弟长大了，要相信他自己生活的能力。出乎意料的是弟弟竟然是支持她的，说他会好好照顾母亲。她和母亲弟弟的关系甚至比以前好起来，因为学会了沟通，而且她发现母亲和弟弟也是十分希望自己幸福的，只是观念和表达方式有问题。

就这样，她开始一点点缓过来，由于注意自己的身体，每天开始好好吃饭，她的脸色甚至有了白里透红的感觉。第一次，她觉得活着这么美好，而不是只有面对考试的恐惧和面对期望的压力。有些事情你不做，即使是三十岁，你想要的生活也依然得不到。

以上这些姑娘有些庆幸，她们终于发现自己真正想要什么，而且得到了自己想要的生活。生活于她们刚刚开始，虽然走了很长一段弯路，却像在夜路中行走，收获了满天闪亮的星星，磨炼了心性。她们还是有些遗憾，这么简单的道理以前为什么不知道，非要用时间和教训才能换取，在踌躇和懵懂中，许多美好与她们擦肩而过，如果以后有女儿，一定早早告知她们。

有些事情你不做，你要想的生活就永远得不到。

还在想要那份看起来很不错的工作，既可以周游列国，又可以轻松高薪，可是你的学历好像不够，为什么不去把学历变得更高？不过是三四年的时间。否则你十年之后依然守着这份侵占你所有时间却给你只够生活的薪水的工作。

还在暗恋着那个看起来帅帅的，做事得体的男孩子，你看看自己，灰头土脸，笨拙粗鲁，但是对那些同样不修边幅的和你差不多的男孩子又爱不起来。为什么不去过精致的生活？美好的身材可以靠饮食节制和勤于锻炼获得，气质可以靠智慧慈悲的内心和优雅的举止获得，面容可以靠合适的发型和光洁的肌肤进行修饰，即使你仍然得不到那个男孩子的青睐，但是为什么不试一试？否则吃着零食看韩剧的你十年之后依然如此，生活在虚无的幻想和惨淡的现实中，或者嫁给一个自己看不上的男孩子，过着怨气冲天的生活。

还在羡慕那个会四国语言总是可以轻松交到朋友的姑娘？

还在为自己那些被深深埋没的小天赋不甘心？

生活不仅仅有静止和重复。我们已经来到这样一个时代，只要你的渴望合理，你付出努力，世界会找到方法帮你实现。我们已经来到这样一个时代，每个人都在追求生活的品质，我们期盼和所有自己喜欢的东西在一起，而不是仅仅活着。嫁给自己喜欢的人，做着自己喜欢的事情，有着自己想要的亲密关系，向自己喜欢的方向前进，对于我们，都是像呼吸一样重要的事情。

有些事情你一天不做，你就多一天生活在自己不想要的环境中。而且不想要的今天会导致更不想要的明天，更不想要的明天会导致十分不想要的后天。既然时代给了我们选择的权利，教会了我们知识，向我们指明了到达想要的人生的道路，那么为什么不及早踏上追求的路？

生命很长，何时上路都来得及，重要的是，为渴望奔跑，无比轻盈。

你看，一天比一天更光彩照人的高圆圆、周迅、刘若英、大S 都穿上了洁白的婚纱，嫁给了自己十分想嫁的人。

你看，奥普拉有了自己的电视节目，蒋方舟、安意如、安妮宝贝靠不停地写作得到了很多的关注和金钱。你如果去读读她们的传记，就知道坚持也是需要勇气的。

你看《破产姐妹》里的 Caroline 和 Max 开了自己五彩缤纷的 Cupcake 店，而且在全世界掀起了蛋糕热。你看维多利亚多年保持 0 号身材，为英俊的贝克汉姆生了一堆孩子，生活在镁光灯下二十年，就像每个小女孩的梦想，可她曾经也是一个胖姑娘。你看你的妈妈都开始跳起了广场舞，出去旅行，买一双有点贵的鞋子，或者不再逼你嫁人，你是不是更应该勇敢一点？

所有的伤疤，都将成为生命的荣耀

周六坐地铁，旁边的一个女生一直在打电话，整个车厢里都是她哽咽的声音。她说自己孤身一人在异乡漂泊，举目无亲，找工作也屡屡碰壁，觉得这样的人生毫无意义云云。

我到站时看了下表，她哭诉了整整35分钟，直到我到站离去，她仍然在继续。我在想：这女生的运气真够好的，也不知道电话那头是谁，怎么会耐着性子忍受她如此之久的摧残？

在你看来，世界上只有你活得最辛苦，遭遇最惨。等再过几年，你就会发现，其实每个人都会遇到各种各样的困难，靠近一看，每个人都是遍体鳞伤。可是，他们仍旧带着笑容，从容地面对这个世界。那是因为他们的内心已经变得强大，能坦然接受生活的考验。那些考验是前进的另一种形式，可以教会你如何与这个世界和平相处，如何让自己免于受伤。

在公众场合，你毫无顾忌地将伤疤揭开示人，强行让周围的人倾听你的哭诉。先抛开别人对你的看法不说，你不远万里来到这儿，难道就是为了跟亲友汇报你怎么受苦的吗？除了受苦就再没有其他收获了吗？当然不是，你是为了过更好的生活、实现心中的梦想才来的。你在选择离家之前就该想到，外面的世界并不是金砖铺地，你的开始，很可能会是悲惨或者痛苦的；从你准备出来闯荡时，就要做好心理准备，充满竞争的世界是残酷的，你只有去承受，去隐忍，去坚强，才能逼自己适应所有的一切。

是的，你已经不是一个孩子了，要学会面对生活的艰辛。其实，让我们迷茫或痛苦的并不是事情本身，而是我们的心境。你可以试着换个角度看那些痛苦：你若将它看得很重，它便会时刻纠缠你，压得你喘不过气来；你若将它看得很轻很淡，它就会消失得无影无踪，对你造成不了什么大的影响。

人上了年纪通常就变得唠叨起来，会反反复复提及以往日子里发生的琐事，唠叨的次数越多，记忆就会越深刻，仿佛只有这样，他们才不至于将过往的人和事忘掉。同样的道理，如果你不停地强调漂泊在外的艰难，只会加重你的痛苦。

人生在世，谁没有艰难的时候？你现在吃的苦，别人也吃过；你现在流的眼泪，别人也流过。所以你不必将自己的脆弱展示出来。

没有哪个陌生人会无缘无故地上前安慰你；也没有哪个素不相识的人有责任为你递上一包纸巾，提醒你注意形象；更没有人会语重心长地开导你：孩子，不要哭了，换个角度看世界，你会发现它其实很美丽。

初入社会，迷茫是少不了的。现在的你认为这个世界很不公平，认为别人的生活都比你舒适。你独自一人身处陌生的城市，总有一种被抛弃的感觉。尤其是当你看到别人和好友挽着胳膊从你身边经过的时候，你心中充满了嫉妒——他们面带微笑，好像从来都没有烦恼过。当别人津津乐道于工作的乐趣时，你又会投去羡慕的眼光，好像他们从来不为找工作发愁。再看看你要好的大学同学，她虽然远嫁他乡，可过得幸福甜蜜，你又忍不住感叹：真幸运啊，她怎么就嫁了个这么优秀的男人！

其实，他们能过得这般快活，并不是因为他们比你幸运，而是因为早在你之前，他们就经历了你现在所感受到的一切，他们有过艰辛，有过痛苦，只是咬着牙挺了过来，才有了今天的快乐与幸福。

原来，大家都是一样的，都会有这样或那样的苦恼，就像叔本华说过的那样："一切生命的本质，就是苦恼。"有人问佛：世间为何多苦恼？佛曰：只因不识自我。

如果你继续这么颓废下去，试图将所有的辛酸挫折告诉身边的每一个人，那你真要永远孤独下去了。这是一个恶性循环，你越是沉浸在痛苦里自伤自怜，就越是无法找到突破口。并且，这个世界上没有谁愿意跟祥林嫂似的倾诉狂交朋友，因为那样无异于把自己当成对方情绪的垃圾桶。

不妨换位思考一下，我们都希望身边的人能分担自己的烦恼，为自己带来快乐，如果你不能给别人带来快乐，至少也别给人家增添烦恼吧。

倘若你用心去观察，就不难发现，成熟的人不过是会以一种妥当的方式来处理自己的负面情感，使之不会影响到其他人而已。

在岁月面前，每个人都是弱者；在生活的磨砺下，每个人都有伤疤。每个人都会有痛苦或迷茫，但这痛，是生命赐给我们的礼物，痛过之后，才会更加珍惜快乐与幸福。

感谢那些伤疤，感谢那些坎坷，是它们教会了你如何与这个世界和平相处。

但愿所有的负担都变成礼物，所受的苦都能照亮未来的路。

再苦再难，也要微笑

你哭着对别人说，别人会在心里笑你；而你笑着对别人说，别人会在心里流泪，这就是人与人之间的逻辑。

每当受到上司批评的时候，自己还没缓过神来，周围的同事都扑过来，安慰你说："亲，不要难过啊，没什么大不了的。"你心里想着："就是没什么大不了的啊，我觉得上司批评我不认真是对的啊，我为什么要难过呢？"倘若你在朋友圈里说和男友分手了，那更不得了，你看着下面的评论和安慰，会觉得应该自虐一回，才能表现出他们以为的悲伤。

如果你创业失败，发个"今早起来喝了杯咖啡，沐浴在温暖的阳光中，突然就觉得好幸福"的状态，看到的熟人几乎不约而同地说："就应该这样嘛，失败一次，没什么大不了的，好好享受生活才是最重要的。"你看后，恨不得把咖啡杯摔掉，心想："你们真行，我喝个咖啡，都会被你们理解为治愈系。"

从小到大，长辈一直在告诉我们："有难处了，千万要说出来，即便别人帮不了你什么忙，起码心里会好受些。"长大后，你才知道，长辈是多么的善良和天真。事实是：你有难处了，千万不要说出来，你说出来了，别人不但帮不了你什么忙，还可能会给你添堵，无形中给你增加额外的压力，让你心里更难过。

有这样一类人，如果你用 5 分钟的时间找他哭诉了某件事情，他会用 2 分钟的时间来安慰你，然后用 8 分钟的时间来说在这件事情上他做得如何如何好。有的人不管你和他聊什么，他都能够轻松自如地过渡到自己的身上，他是如何的优秀，如何的快乐，如何的成功。这还没有结束，半个小时之后，估计你周围的几个人都会知道了你哭诉的事情，他的解释会是："多几个人安慰，会觉得好一些吧。"你恨不得扇自己几个巴掌——"让自己多嘴"！

之前，我也是一个遇到困难就想着第一时间打电话给朋友的人，渐渐地发现，自己好像成了祥林嫂，别人记住的都是你的苦难、你的眼泪，好像痛苦比快乐要更让人印象深刻，哭诉得多了，别人看你就是一副"倒霉蛋"的样子。

记得上大一那年，我体育选修课修的是健美操。班上有一名女生，性格内向，肢体也很僵硬、不协调，不知为什么，也修了这门课。第一次上课，她就被老师叫到了最前排，和老师正对着，老师说："咱班里我看就你基础最差，你以后每次都站在这个位置好了，方便我手把手教你。"后果是她由于紧张，压力又很大，在最前排，全班同学都能看到她"张牙舞爪"的样子，她简直要崩溃了。第一节课后，她在教室里号啕大哭，那是我到现在为止听过的最大声的哭泣。整个教室都安静了，所有人都看着她，她就一直哭，一直哭。第二节课，她没有向老师请假就离开了。

后来的每一节课，她都来，站在第一排，脸上却没有一点笑容，即便老师做了一个很搞笑的动作，她也从来没有笑过。班里的同学下课时，都不敢去找她玩，担心无话可说，会冷场。她戴着耳机，站在窗边听歌，不闻不顾。整整一个学期，她的健美操都跳得很笨拙，虽然能看出她很努力，但每个动作都不是很到位。

到现在，我还记得她，反倒不是因为她的健美操很搞笑，而是她的那一次大哭。那一次大哭，让我们都见证了她的悲伤，以至于再也不敢靠近她。那一次大哭，让我们觉得她特别可怜，觉得自己很幸运，而幸运的人怎么好意思和不幸的人一起快乐呢？那一次大哭，仿佛给她戴上了一层盔甲，她想笑都笑不出来了，所有人都见证了她的号啕大哭，笑就显得那么微不足道。

我想，倘若那时，她是笑着面对，以打趣自己的态度面对老师，即便心里流血，但表面上还是开自己的玩笑，那么结果可能会完全不同。也许，她会和我们打成一片，我们私下里都愿意帮助她；也许，老师会觉得她是个好相处的人，愿意课下多给她一些时间教她；也许，她会慢慢觉得自己没有那么糟，会发现周围还有几个人和她差不多，他们可以组成一个"联盟"，厚着脸皮，享受不一样的舞蹈的快乐；更有可能的是，快乐的她，会花费更多的时间来练习，终有一日，她的身体会轻盈很多，协调很多，将来成为一名健美操老师也说不定呢。

但是，她一哭让所有的可能都成了不可能，哭泣的威力就是这么大。哭是具有破坏性的，而笑是具有建设性的，哭泣会让你在痛苦中越陷越深，而笑容则会激励你，拨开云雾重见天日。

更何况，所有艰难的路，不都是你自己选择的结果吗？自己有能力去选择，自己就要有力量去承担、去面对所有的后果。再艰难，也要通过笑容告诉别人：你不后悔自己的选择，在你的世界里，你是自己的英雄。

不适合自己的，
就勇敢放下

不适合自己的，

就勇敢放下。

快乐，

其实比工作、

名利更重要。

不适合自己的，就勇敢放下

朋友 W 是一位公务人员，本来在某乡下小镇担任公职十余年，从小职员当到小主管，他过着平淡、与世无争的生活，对这样简单的日子，他甘之如饴。不幸地，两年前，他突然接到上级的调职命令，升官了，被调到台北当大主管。

这是幸运啊，怎么会说不幸呢？不是每个人都喜欢住在繁华大都市的，更不是每个人都喜欢当主管。因为上级的看重，让 W 勉为其难地接下主管位置，但他的噩梦却也因此开始。到新单位不到一年，他压力超大、几乎夜夜失眠，人也日渐消瘦。

一天下午，他请了假，跟我约在一间优雅的咖啡馆，想找我聊天。那是一个明亮的下午，温暖的冬阳照在庭园的绿树上，我选了一个靠窗的位置。一坐下来，他就跟我说："我一点都不想当主管，我不喜欢管人，更受不了官场间的逢迎奉承、尔虞我诈，我只想单纯地做一个公务人员，单纯地把事情办好，单纯过日子就好。"现在，虽然他的薪水比以前高出许多，但他一点也不快乐，问我该怎么办？

人生总是两难。我虽同情朋友，却无法给他什么建议（而且直接给建议也不是我的风格）。毕竟，自己的路自己走，每个人都要为自己的人生负责，负百分之百的责任。

人如果不顺应自己的本性，是绝对不可能过得快乐的。

聆听 W 的挣扎，同情理解他的处境，最后，我跟他说了一个故事。

"你听过张曼娟这个作家吗？"我问朋友。"当然听过，我还看过她的书《海水正蓝》呢。"我心想，太好了。"你知道她也曾经当过公务人员，当过大主管吗？"我问。朋友很诧异："有吗？""有，我也是看杂志报道才知道的。当了一辈子作家的她，曾接手香港光华新闻文化中心主任，但后来未满一年就闪电辞职了。据说离职时，还送给媒体记者'莫忘初心'的香皂。因为知道自己不适合公职，于是她勇敢放手了。"

"后来呢？"朋友迫不及待地想知道她的下一步。"离开公职返台后，听说到大学任教了。""哦。"朋友松一口气，好像这也是不错的选择。"不过听说干了没有多久，又离职了。"我又补充。朋友张大眼睛："真的吗？"

是啊，据说当年系主任还提醒她："这样你会拿不到退休金喔。"但她却洒脱地回答："没关系。"她的朋友问她："没有了公职及教职这样的铁饭碗，难道你不怕以后经济不稳定吗？"

你猜，张曼娟如何回答？"怕呀！但我更怕不能忠于自己。"

这句话说得真好。最后，她说：人生走到五十岁，正是"行到水穷处，坐看云起时"的阶段，水穷不是到绝境，而是看清了生命的来源和本质。

唉，没错。人只要能够看清楚自己生命的本质，就知道自己要什么，并做出好选择。刚好自己的生命也走到了五十岁，也十分渴望此刻能有"坐看云起时"的从容与优雅。人活着，如果不顺应自己的本性，背叛自己的初衷，是绝对不可能过得快乐的，这是我的经验。

"不适合自己的，就勇敢放下。快乐，其实比工作、名利更重要。"张曼娟的故事，如此提醒着我们。

就在我说完张曼娟故事的同时，朋友的手机响了，原来办公室有急事，他必须立刻赶回去处理。果真，人在江湖，身不由己。主管难为呀。朋友跟我致歉，迅速起身离去。我不急，我还想继续享受难得有冬阳的悠闲午后。目送朋友离去的背影，我在心里默默地祝福他。

不久，我就收到朋友传来的简讯："不适合自己的，就勇敢放下。我知道该怎么做了，感谢你的好故事。"看完简讯，我莞然一笑。瞬间，窗外飘过一朵清淡的云，缓缓地，美极了。

坚守内心，甩掉面子的束缚

中国人向来善于维护面子，说话做事，总要给别人几分薄面，这样才会人缘越来越好。但明代一个叫王家屏的人，偏偏就不懂得这么浅显的道理。

王家屏是一个普通家庭的孩子，从小刻苦读书，人也还算聪明，13 岁就考中秀才，29 岁中举，33 岁被选为庶吉士。在明代，只要坐到这个位置，再稍微懂得一点人情世故，前途就一片光明。

当时，张居正是首辅，皇帝对他很器重，基本上国家的事儿都是张首辅说了算，巴结他的人自然排成了长队。向领导靠拢，多少总能得到一点好处，至少混个脸熟，有利于以后升官啊。可王家屏偏偏一根筋，就是不肯跟张居正套近乎，还常常为工作上的事，和张居正据理力争，一点面子都不给。

张居正生病，正是百官好好表现的时候，大家成群结队地拿着礼物去探望，还有人到寺庙祈福，极尽奉承之能事。按说，领导生病，怎么也得表示表示，不然，领导随便给个小鞋穿，那也是吃不了兜着走。但王家屏就是不肯去，你又不是我爹，我干吗拿钱孝敬你？我只要做好本职工作，你想给我小鞋穿，我也不答应。

这么个不懂事儿的人，当然不可能得到张居正的青睐，升官就更别指望了。但张居正始终也没能把他怎么样，你要敢动他，他一点面子不给，当即给你闹翻，大家都不好看嘛。

高拱当首辅的时候，王家屏弹劾高拱的亲戚。真是一点面子都不给，人家好歹是首辅，不看僧面看佛面，怎么也不能拿人家亲戚开刀啊。可王家屏就这么干了，还干得轰轰烈烈。

纵使高拱位高权重，也压不下来，可又不想亲戚遭殃，怎么办呢？只得放下面子，找到王家屏，希望他高抬贵手，别跟自己为难。按说，领导找上门，只要卖个人情，以后保准能升官发财，可王家屏就是不给领导面子，一口回绝，坚定地回绝，把领导顶得无地自容。

虽然一直不给领导面子，但张居正死后，王家屏还是进了内阁，成了明朝的高层领导干部，这个时候，他的领导就直接是皇帝了。

著名的"争国本"事件中，群臣希望皇帝早立太子，但皇帝偏心，不喜欢皇长子，就是拖着不办。有大臣上疏，皇帝毫不客气，要把人降职外调。明朝时，皇帝的命令要得到内阁的批准，一般情况下，只要皇帝特别坚持特别在意的事儿，内阁也不敢不批，毕竟皇帝是老板啊，随时能要自己的命。

可王家屏就是不批，说什么都不批，皇帝被逼得没办法，托人传话，希望他好好配合。事情到了这个份儿上，还不识时务，就有点找死了，但王家屏宁愿找死，也不给皇帝这个面子。

几个回合下来，皇帝也没辙了，只能服软。碰上个谁的面子都不给的人，能有什么办法呢？

按人们的想象，像王家屏这样不懂得给人面子的人，肯定人人讨厌，巴不得把他早点赶走。事实却正好相反，大家都觉得他为人正直，是可以信赖的人，于是，他的官位也不断上升，最后做了首辅，成为明朝最大的官儿。

不给人面子，却混得很有面子，这个问题值得所有人深思。那些事事留面子的人，被面子束缚了手脚，不能全心全意地做事，自然不可能混得有面子，而像王家屏这样，不给任何人面子，只一心一意做自己想做的事、该做的事，反而更容易取得成功，至少，不会活得太累。

等待，让自己更好

自从来到这个世界上，我们就开始了等待。等待妈妈的怀抱，等待爸爸的笑脸，等待一块糖，等待一次出游，等待一次表扬，等待梦想实现……无数的等待，已经如花开过，也凋谢过；欢喜过，也悲伤过。现在还在等待。未来还会有无数等待，等我经历、体验。

也曾认为，等待就是在原地，等别人把自己想要的东西给你送来，而等来的，都是失望和泪水；也曾认为，等待就是无所事事，时候一到，老天就会满足自己的要求，可是，这样的等待，我毫无所获，而且，让我更感到空虚、难受。

随着年龄的增长，对等待的认识也逐渐加深。后来，我终于认识到，等待是一种心态。拥有这样的心态，你要奋斗、勤奋、认真、追求、坚持。就是说，在你的心里要有正能量的内容，要有真善美。如果没有这些内容，等待就只是虚幻。

可是，在等待的时候，往往没有耐心。作家朵拉在她的文章里就写过这样的事。一个年轻人，他性子急躁，一天，他在等情人，周围风景很美，他却无心欣赏。忽然眼前出现一个侏儒，送他一个纽扣："你要是遇着不想等待的时候，把这纽扣一转，就能将时间跳过去。"年轻人很高兴，于是试着把纽扣一转，情人出现了。他心想，马上举行婚礼吧。果然在纽扣的转动下，婚礼场面出现了。他不停地照着心中想要的，一再地转动手上的纽扣，转眼之间，他的生命来到风烛残年，他吃了一惊，想把纽扣倒转回来，但使尽了力，也没法回头，他的一生就在瞬息间走完了。他为自己的愚蠢而哭出声来，才发现，原来是做了一个梦。醒来后，年轻人平心静气地瞧着四周的景物，他觉得澄蓝的天空、油绿的草地都非常漂亮。可见，在等待里，照样有风景，可是，我们的急躁，常常大煞风景。

要知道，那些梦想、目标从来都不会提前告诉你答案，它们要你等待，而有些等待，看似遥遥无期，这就使得一些人感到无望，进而放弃甚至选择极端。当年，美国普策利小说奖颁给了《笨蛋联盟》的作者图尔。消息传出后，人们纷纷前来祝贺，他的母亲向人们讲述了这部作品背后的故事——十多年前，他耗尽心血写成了首部长篇小说《笨蛋联盟》，他对作品非常满意，可在出版商那里，却屡屡被拒绝，因此他失望至极，最终选择了自杀。他的母亲为了了却儿子生前的心愿，带上书稿找了很多家出版社。同样遭到拒绝和嘲讽后，她又把书稿寄给了多位文学界的大家。终于，在他去世10年后，他的作品引起了著名小说家珀西的关注，并把它推荐给一家出版社。结果，书一上市，就受到读者追捧，最后赢得了美国文学界的大奖。

所以，当你的梦想、目标一时没有实现，不要着急，因为"桃花三月开，菊花九月开，各自等时来"。一些事情都有它们自己的节奏，再加上别人对它们的认可、肯定，这就需要一些时日。

其实，谁都能预料到，在等待里，肯定会遇到种种波折、磨难，而这会让我们的心变得坚强，因此，从这个意义上来说，等待就是一种成全，成全自己，使自己成为一个内心强大的人，而只有这样的人，才能成全自己的梦想、目标。

做一个抬头走路的人

　　我是低头族，习惯低着头玩手机，我用手机看股票、刷微博、发微信、聊 QQ、看小说、玩网游、读新闻。我玩起手机来几乎没日没夜，走路看手机，吃饭看手机，坐车看手机，甚至开车间歇也不忘看手机。

　　前些天女儿开心地告诉我，小区里的迎春花开了。听了这话我有些愕然，女儿惊讶地说："小区里一朵朵迎春花迎风起舞，像一群群黄色的蝴蝶，这么美丽的景色，你怎么视而不见呢？"我对女儿笑了笑，什么话也没说。走在小区的小径上，我习惯掏出手机刷微博，或者玩网游，真的无暇顾及眼前的这一缕缕春色。如果时光倒退几年，我会流连于眼前的景色，会紧随迎春花的脚步，满怀激情投入春天的怀抱。现在，因为手机，我竟然看不见眼前的风景。

　　上星期我下班回来，老婆对我说："我们来做个'开心辞典'的游戏吧！我来提问，你来回答。"我答应了，老婆于是把我请上转椅，然后开始提问："我是喜欢高腰裤还是低腰裤？我最近在看的一部电视连续剧是什么？我喜欢哪个牌子的手机？我手头的股票是否解套了？"面对老婆的一连串提问，我抓耳挠腮了半天，竟然没能给出一个准确答案。

"亲爱的，你宁可整天握着手机不松手也不肯牵牵老婆的手，花点时间来陪她吧，老婆真不如手机吗？"老婆委屈地说。这些话对我触动很大，生活中我习惯了用手机与人交流，时间久了也就沉溺于自己的虚拟世界，却不愿意花点时间与自己的亲密爱人做一次心与心的交流。老婆贤淑端庄，善解人意，因为手机，我忽视了身边最美的"风景"啊！

昨天我去母亲那儿吃饭，面对母亲忙活了一天做出的一桌美味，我的心却还在网上。"我的微博粉丝数量增加了没有？正在阅读的那部网络小说是否已经更新了章节？给 QQ 网友的留言他也该回复了吧？"这顿饭我吃得一点儿都不安心，时不时掏出手机看看，还用微信的对话功能与网友聊了一阵子，却对母亲的嘘寒问暖敷衍了事，母亲伤心地说："孩子，你好不容易来一趟，就不能放下手机，好好吃顿妈做的饭，好好跟妈说说话吗？"母亲说这话时眼圈红了，我猛地醒悟，因为手机，我冷漠了母爱，辜负了亲情这道世间最温暖的风景。

记得一位网友曾说过："不能苛求每个人都活得功成名就、衣锦还乡，但最起码要做个抬头走路、认真吃饭、关切爱人、看着别人眼睛交流的人。为了一部手机低头，就看不见最美的风景。"

看着母亲慈爱的眼神，我深深懊悔，我暗下决心，从此以后要做个"抬头走路、认真吃饭、关切爱人、看着别人眼睛交流的人"，不再为那部小小的手机低头折腰了。

我和瑕疵，坦然相见

有一个新疆和田的商人，做了几十年的玉石生意，品性也与玉石相融相通。黄金有价玉无价，这本是一个容易攫取暴利的行业，可他更像是一个"月老"，即便利润很少，也一定要把好玉交给一个懂它、爱它的人。他还有一个原则，就是自己店里的东西，要亲自指出它的缺点给顾客看。

"为什么？辨别玉石需要很专业的眼光，我们不骗人、不自夸、不遮掩它的瑕疵，就已经做得足够了。为什么还要自己指出缺点，这样还怎么做得成生意？"儿子接手了他的生意，对此一下子难以理解和接受。

儿子把父亲的生意做到了深圳，有一次，他花 160 万元买进了一块重 4 公斤多的石头。没多久就有一个老板要买，开价 560 万元，说好第二天来付钱，儿子非常高兴。父亲知道了，非要儿子拿出来给他鉴赏一下。他的眼睛很"毒"，刚看了一眼，就对儿子说："这个石头不能卖，皮子有问题。"

"不可能吧？"儿子经验少，没看出端倪。

"我证明给你看。"他端了一盆开水，把石头泡在水里一个多小时，然后放到冰箱冷冻室里。第二天拿出来，果然闻到了浓浓的化学味。

"可这也没褪色呀！还是卖给他吧，能赚 400 万元呢。"当时刚开店，经济上承受的压力很大，儿子一心急着挣钱。

父亲严厉地望着儿子，掷地有声地抛下了几句话："你来这边，是赚钱的，还是扎根的？不要着急赚钱，先把人做好！"

后来，那桩生意自然是黄了。怕儿子性子急做错事，父亲经常来深圳监督他，等待他在岁月中慢慢沉淀，沾上玉的温润与通透。几年过去了，儿子的生意越做越好，在深圳扎下了根，成了当地圈子里美誉度很高的玉石商人。儿子也有了自己的坚守：不做"黑肚子"（新疆方言，指没文化）或石头贩子，要做一个玉石文化的使者。当然，他也终于由衷地认同了父亲的准则。

"你的东西有缺点，早晚会被发现的。你自己指出来，或许它就不是一个缺点。可你若不说，等别人自己看出来时，那就不只是一个缺点了。"

美玉有瑕，指与你看。我和瑕疵，坦然相呈。从经商的角度说，这是一份诚信，从做人的角度说，这是一种坦荡。试问，你是要一个存有瑕疵的真玉，还是要一个完美得无可挑剔的赝品？

你对生活微笑，别人才会给你怀抱

朋友小 M 给我讲过他的一段经历：三年前他刚工作，家里急需用钱。他找当时的部门领导借钱，领导只是简单问了几句，直接从个人账户转给了小 M10 万。一年之后，小 M 把之前借的钱还了。

还钱的时候，领导问他："知道我为什么愿意把钱借给你吗？"那时候的小 M，刚入职三个月，还是基层职员。领导说："我有个女儿，她贴在卧室墙上的照片里有你。"

原来领导的女儿在大学期间，去特殊教育幼儿园做过几次义工。当时还在读书的小 M 是那个义工小分队的领队。小 M 每周组织活动，其他队员可以根据自己的时间不定期参加。领导的女儿去过 5 次，5 张义工合影的照片上，都有小 M。

领导说小 M 入职一周之后他就发现了，也跟女儿确认过，当时的领队就是小 M。领导认为这个年轻人做了两年义工，没有向任何人"炫耀"，踏实又善良，人品和前途都不会差。

听小 M 说完，我想起另一件事。大学期间我在西安博物院做义务讲解员的时候，接待了几个从北京过来的游客。当时我只负责讲解两个展厅，带一批游客一般需要 30 到 40 分钟。那天带他们出来，两个小时都过去了。他们的问题很多，在每一件展品前面都要停留。

从展厅出来之后，大家在休息区休息，我坐下来聊了几句。他们一直夸我讲得细致又有耐心，虽然是义务讲解，比专业讲解员还尽职。

知道我学的是建筑设计之后，其中一位先生给了我一张名片："毕业之后如果来北京，到公司找我。"他是某建筑设计公司的设计总监。那时我大三，还没有想过毕业之后的事情。后来搬宿舍，那张名片也丢了，当然我也没有去北京。可当时在无意之间，为自己争取了一个机会。

同学面试一家地产公司，和 HR 相谈甚欢。临走时，HR 说："有时候跟一个人喝一杯茶，就知道是不是想要找的人。你所做的每一件事、每一个动作、每一个眼神，都是你的名片。"

这位 HR 说得一点都不夸张，一个人是谁，并不是他的简历和名片上写了什么，而是他的所作所为。在旁观者眼中，你所做的每一件事，都有可能代表你这个人。

之前有一个很注重细节的教授级高工，他在学校面试研究生时，有一个学生穿着太邋遢，他直接对该学生说："既然你不重视这次面试，我们也不需要重视。不用面试了，你出去吧。"

仅因为细节否定一个人，也许有不恰当之处。但是做得更不恰当的是那个男孩，他用行为亲手在自己的名片上写了一个大大的"否"。

不管是在职场，还是在生活中，每个人都会用自己的观察来判断一个人。我觉得：一个能把最简单的工作耐心做好的实习生，交给他的事我就可以多一份安心；一个对待陌生人都客气礼貌的女孩，性格也一定不会差到哪儿去。

同样的道理，我不相信：一个在地铁上因为一句话就大吵大闹的女孩，有随时控制自己情绪的能力；一个在小事上谎话连篇的人，跟客户谈合作时能以诚相待。

总之，你所做的每一件事，好的坏的，都是你的名片。不要低估人们的判断力，认真对待自己正在做的事，也许你以为没人看到时，有人已经给你贴上了标签。或许这些标签很快随风而去，或许，这些标签会一直跟着你，决定你的去留。

有人说所谓教养就是细节，你的每一个动作，每一个笑容，都是你的教养。有人说打败爱情的是细节，你的每一次猜疑，每一次歇斯底里，都是在亲手埋葬你们的感情。

细节可以成就一个人，也可以否定一个人。不要惊讶一个人对你的肯定和信任，那都是你自己用认真努力争取来的。更不要埋怨别人用一件事否定你，只怪你给了别人否定你的机会。

传统文化中，君子讲究"慎独慎行"。做最好的自己，即使没有人看到的时候。你对生活认真，生活一定比任何人都清楚，它也一定会馈赠你想要的一切。

所以，出门带上笑脸，说不定谁会爱上你的笑容。

人生需要谦卑退让

在《后汉书·皇后纪》中有这样的记载：光武适新野，闻后美，心悦之。后至长安，见执金吾车骑甚盛，因叹曰："仕宦当作执金吾，娶妻当得阴丽华。"

千年已逝，虽然音容不再，但是"阴丽华"这个女子却活在时光的深处，也活在今天，与光阴并存。这不仅仅是因为她的美貌，更因为她的美德。

刘秀评价她"雅性宽仁""有母仪之美""性贤仁，宜母天下"，第五伦评价她"友爱天至"，史书描述她"性仁孝，多矜慈"。通过这些评价，我们看得出，这是一位生性善良、性格温和、心胸开阔的女性，也许是战乱痛苦、亲人离散的经历给了她更多的人生智慧，也许是受刘秀的君子之风的影响，让她得以用从容平静的态度面对数十载的波澜人生。

懂得谦卑退让，这是阴丽华的美德，也是成就她巅峰人生的智慧。

在刘秀的新皇朝建立近一年的时候，中宫后位的人选也提上了日程。刘秀希望能够立原配阴丽华为后。可阴氏却坚辞不受，认为自己担当皇后之位不够资格。这也是阴丽华做出的决定她今后人生轨迹的最重要的选择。

阴丽华虽是刘秀的原配，又有刘秀的推重，但她以国家大计为重，权衡轻重，坚决辞让，始终不肯接受后位，而是决定将后位让于前真定王刘扬的外甥女郭圣通，刘秀与郭圣通的政治联姻在刘秀走向帝位的过程中曾发挥过重要作用，并且当时对稳定朝堂和国家形势也具有重要意义。

刘秀最终不再坚持立阴丽华，接受了她的辞让。建武二年（公元 26 年）六月，郭圣通被册封为皇后，其子刘疆被册封为太子。

阴丽华以原配名分让出后位成为刘秀后宫特殊的存在。刘秀得以有嫡子作为正式继承人稳定朝堂，郭圣通得到皇后之位，不得不说，在当时的形势下，不论是从个人还是从国家角度考虑，这个决定是三个人最恰当、最顺理成章的选择。

而郭圣通性情像"鹰鹯"，无后妃之德，怨恨嫉妒，最终失去了刘秀的宠爱，建武十七年（公元 41 年），光武帝决定废皇后郭氏，立贵人阴丽华为后。

但郭圣通在被废之后即被封为中山王太后，移居皇宫北宫居住。刘秀给了郭氏一个"王太后"的身份而不是将她废为庶人，并且给其娘家诸人封侯，赏赐他们大批金钱，亲自莅临郭府，后来又给郭圣通的儿子们增封。

这些都和阴丽华的宽厚慈悲分不开。

刘秀和阴丽华用理性、平和、宽容的态度对待废后易储，也让东汉后来的三位废太子皆得以保全，甚至汉顺帝刘保被废太子后又重新登上帝位。

阴丽华的美德使得刘秀的后宫风和日丽，一派祥和。

阴丽华的作为固然与自身的品性有关，更与家风有关。阴丽华的品行深受其弟阴兴的影响。

阴丽华的弟弟深受光武帝赏识与信任，除了担任黄门侍郎之外，还担任了守期门仆射，掌管刘秀的亲卫队，在建武九年之时被提拔为侍中，并赐爵关内侯。后来，光武帝又欲封赏阴兴，召阴兴入宫，置印绶于其前，阴兴坚决辞让说："臣未有冲锋陷阵的功劳，而一家数人一起蒙受爵位封地，确实是皇恩满溢了。富贵已经到了顶点，不可复加了，臣诚恳地请求陛下不要加封。"光武帝称许阴兴的谦让，顺遂了他的心愿。彼时尚为贵人的阴丽华对此感到不解，问其弟缘故，阴兴说："贵人不读书吗？'亢龙有悔'，外戚家苦于不懂得谦退，嫁女儿就想配王侯，娶妻就想着公主，我心里实在不安。富贵有尽头，人应该知足，浮夸奢侈更是被舆论所讥笑的。"

阴丽华对这一番话深有感触，严格约束自己言行，始终不替家族亲友求取官爵。而正是阴丽华的谦退才日渐铺平她走向后位的道路。

建武中元二年（公元 57 年），光武皇帝驾崩，刘秀与阴丽华夫妻相伴走过三十四载峥嵘岁月，历经乱世离别、皇朝建立、屈身为妾、位正中宫，阴丽华作为最理解、支持刘秀的人，始终伴随着刘秀。刘秀也将自己千辛万苦建立的皇朝基业交到了他们的儿子手中。

永平十七年（公元 74 年），在阴丽华去世十年之后，已近知天命之年的明帝，梦到父母生前快乐幸福的样子，以为回到了年少时在父母身边的日子，从梦中高兴得醒了过来，之后发现原来是一场梦，又难过得无法入睡。斯人已逝，音容犹在，由此可见刘庄对父母深深的依恋之情，直到年老仍然怀念在父母膝下备受疼爱的那段美好时光。

幸会这样的流年人间

总有一些人，活着，不是为了热闹而来；一些情义，养着，不是为了有答而赠。

遇到刘飊的句子：情往似赠，兴来如答。你若情深而往，自有兴味来应。有赠，有答，是一派清风定与明月同夜的君子谦谦。

像一丛思念，长成深深庭院里的一场场风，你以为，天知地知我知，怎知，他亦有知，且有情意寄你，答你的鱼贯之思。

这需要深久的信力！

更多的生活是，想要一片天，就得自己去挣。多少，待定；有无，难测。往往，你等一场烟雨，却只在天际遇一眼天青色，难能如愿，你不能怪长空不懂有情有义。生活是一截战场，你以为敌已死伤相枕，真相不过是错杀。敌我都不真实，真实的只有伤亡！

情，往人，往物，往似水流年，往白日青天。有答，三世有幸；无答，无亏三生。有答无答，往情便罢！

人，不会因为有人免你一往而深的情，就终止爱另外的人；不会因为养过一只草莽似匪的犬，就决心离弃它；不会因为此刻只剩一卒一戟，风萧萧易水寒，而忘却想要千军万马的此生今世……

我们被如是教育至今，能施勿索，即便是取人锱铢。我们需要如此慨当以慷，且艰苦卓绝吗？

一味教人坚强，都太过励志。被劝，节哀顺变，顺变，用来相信，算是一种安慰；节哀，却有违情意，只是送一腔断肠别绪给弱水三千里的某一人，为何要节制，速速收了呢！大灾大难，难免骨血俱伤，劝节哀，说忘却，终是知易行难，言者以为的安慰，不过是听者的刀兵。

所以，不言不语，方是大慈大悲。最好的安慰，是沉默的陪伴。

记得听过这样一个故事：汶川地震之后的男子，如何如何熬过夺命的灾后 72 小时，忍着不死。得救之时，深松了一口气，却没能再续上这口气。有人摇他，要他再坚强一会儿。医生说，你们已经摇了半个多小时了，让他歇会儿吧！

忍着不死，直到再会一次天地，到此为止的坚强，到此为止的铁骨铮铮，只是累了。有人不甘，已经救下了，不是吗？

最先，我总是用"别哭"来给人安慰；后来，学着说"哭吧"，送一则可依可偎的空肩，让他哭个够；现在，我不再有应有答，只是安静作陪，看他的哀伤寂然枯萎，一一凋零，重归平和，再次振作。

伤情，枯期而至，人不药而愈。像爱情，败期已来，多用力也挣不回来！

我所信任的情话，是"我在"，而非"爱你"。赠你缱绻的人，请让他知道如何往你；索你温情的人，请告诉他你从未想过离开。记得我对那个初生而来的婴孩，第一面，说过的第一句话不是"妈妈爱你"，而是"妈妈一直都在"！

送一怀柔情蜜意，深情如此；索一片风轻日暖，慈悲如此。给情愿近你的人，答一腔，开一口子，引他到你；给待你重若泰山的人，一些明朗和捷径，是何等菩萨心肠！

我们，幸会这样的流年人间！

选择比努力更重要

有一个非常勤奋的青年，很想在各个方面都比身边的人强。经过多年的努力，仍然没有长进，他很苦恼，就向智者请教。

智者叫来正在砍柴的 3 个弟子，嘱咐说："你们带这个施主到五里山，打一担自己认为最满意的柴火。"年轻人和 3 个弟子沿着门前湍急的江水，直奔五里山。

等到他们返回时，智者正在原地迎接他们——年轻人满头大汗、气喘吁吁地扛着两捆柴，蹒跚而来；两个弟子一前一后，前面的弟子用扁担左右各担 4 捆柴，后面的弟子轻松地跟着。正在这时，从江面驶来一个木筏，载着小弟子和 8 捆柴火，停在智者的面前。

年轻人和两个先到的弟子，你看看我，我看看你，沉默不语；唯独划木筏的小徒弟，与智者坦然相对。智者见状，问："怎么啦，你们对自己的表现不满意？""大师，让我们再砍一次吧！"那个年轻人请求说，"我一开始就砍了 6 捆，扛到半路，就扛不动了，扔了两捆；又走了一会儿，还是压得喘不过气，又扔掉两捆；最后，我就把这两捆扛回来了。可是，大师，我已经很努力了。"

"我和他恰恰相反，"那个大弟子说，"刚开始，我俩各砍两捆，将 4 捆柴一前一后挂在扁担上，跟着这个施主走。我和师弟轮换担柴，不但不觉得累，反倒觉得轻松了很多。最后，又把施主丢弃的柴挑了回来。"

划木筏的小弟子接过话，说："我个子矮，力气小，别说两捆，就是一捆，这么远的路也挑不回来，所以，我选择走水路……"

智者用赞赏的目光看着弟子们，微微颔首，然后走到年轻人面前，拍着他的肩膀，语重心长地说："一个人要走自己的路，本身没有错，关键是怎样走；走自己的路，让别人说，也没有错，关键是走的路是否正确。年轻人，你要永远记住：选择比努力更重要。"

"一只鸟能选择一棵树，而树不能选择过往的鸟"，这句话我觉得很有道理，鸟要选择一棵树是必然的，选择哪棵树则是偶然的，除非鸟不能飞或者只剩了一棵树，人的生活就像一棵树，一般来说，生活不会选择人，只有人去选择生活，或者说去适应某种生活方式。

选择，对于人生来讲非常重要，可惜好多人在明白什么是正确的选择时，往往已经太迟了，人生路上，关键是要明白自己想要什么。每个人都要结合自身素质和条件、兴趣和特长，去选择自己的人生目标，走出一条适合自己的人生之路，如果选择了一条正确的道路，那么人生旅途就可以少许多的烦恼和遗憾。

做一个值得期待的人

最近，我到一位厨师朋友的餐厅吃饭。当晚，餐厅的人不多，厨师朋友做完菜后，出来和我聊天。

"唉，真不知道生意该怎么做。最近，我们这条街开了好多家餐厅，竞争者愈来愈多，把这里的生意搞得愈来愈难做。"他说。

他抱怨了很多事情。比如，台北市的上班族愈来愈穷，很多人是月光族，一个人根本没有钱到外面吃几次饭。还有，最近几个月天气不稳定，雨常常下得很大，人们不愿外出吃饭。他还认为，老板决定不为餐厅申请信用卡付账，客人得用现金，这应该是客人不愿上门的理由。

我听着他的抱怨，忽然想起半年前我来这里的时候，这家餐厅刚开业没几个月，朋友觉得客人没想象中多时也曾抱怨："唉，真不知道生意该怎么做，这条街上一家餐厅也没有，只有我们一家，客人不会专程走过来，生意很难做。"

老天爷一定觉得，人类真难以讨好啊。只他一家很难"集市"，多来几家集了市，又怨叹来抢生意的人多。

我问他，或许我可以帮他解决问题，如果他有财报的话。他拿来了，我看了一会儿，不久就发现一个问题："你的生意在中午时挺好，但晚上不太好，这里是上班区，晚上恐怕不太好做。不如在晚上削减开支。你看，你的店里晚上有 5 个工作人员，但是平均每天来不到 10 个人。如果晚班少请一些人，人力费用就少很多。"根据经验值，一家餐厅，食材加上人力若超过总营业额的 60%，就完全没办法赚钱。他的餐厅竟超过 50%，不赔才怪。

他听到这个建议立即反弹："老板也觉得我请人太多。可是我是从五星级饭店出来的厨师，不多请几个人，没有面子。何况，有时晚上会有人订生日宴会什么的，万一客人忽然变多，我很难马上找人来支持。"

他不想变。我苦笑，知道自己不必再说些什么。商业社会的数据都会说话，如果数据不够理想，一定有必须要解决的问题。如果只知怨天尤人，那么，你只能等着让问题解决你。

台湾有很多餐厅，开在更偏僻的巷弄里，照样高朋满座。如果你做得够好，总有人不远千里而来。我曾经在某个暴风雨的天气，冒着山崩石落的危险，到某个位于鸟不生蛋的郊区餐厅用餐，人家照样是"人满为患"。

我想告诉你，一个人如果一直怪来怪去，刚开始，他会过得很轻松，因为错都在别人身上。但他终会活得愈来愈沉重。最糟的是他会怪起自己的命来。怪命运最容易，因为天已注定，都不关自己的事。走到怪命运这地步时，就难翻身了。

　　一个人的态度，决定他会不会找到光。如果他能心平气和地接受事实，并且想方设法改进，那么，他永远是一个值得期待的人。

一瓢冷水比鼓励更难得

有一个小女孩，从小聪明伶俐，家境优越，父母视若掌上明珠，请最好的老师教她练钢琴。小女孩从小学练到中学，勤奋刻苦地练了八年。有一次，她再去练琴时，老师却不客气地对她说："凤仪，你练了八年了，居然连一个音都听不准，你完全没有音乐细胞，你回去吧，别再浪费我的时间、你爸爸的钱、你的努力。"小女孩回去对父母说了老师的评价，父母无奈地让她放弃了。

小女孩在放弃学习钢琴后，努力学习经济学、文学和历史，积极进军商界，很快就成为香港的商业精英。在有了相当丰厚的生活积累后，她发现自己有讲故事的本领，便开始写起了小说。靠着先天的"一点点天分"和后天的勤奋，她疯狂地写作，创造了一年出 18 本小说的记录，最多的时候一天能写 1.5 万字。作为作家，她曾在大陆和东南亚一带掀起了一股强劲的"梁旋风"！

她就是香港著名财经作家梁凤仪。成名后有时她与丈夫同去欣赏古典音乐会，她常常兴起而鼓掌。她丈夫就在旁边悄悄说："你拍什么手掌呀？这个人弹走音了。"她不免有些尴尬地说："我怎么知道他走音了？"每到这时，她就由衷地感谢那个说她没有学琴天分的钢琴老师，正是他兜头的一瓢冷水，让她及时修正了她的人生航向。

有一个小伙子，十几岁起就痴迷于诗歌创作，一心想成为世界上最伟大的诗人，他把业余时间全用在了读诗、写诗上。

有一天，他听说著名的诗歌评论家斯泰因夫人即将参加某个家庭聚会，便兴致勃勃地带着自己的诗作前往，想请斯泰因夫人指教和评价。当聚会进行到一半的时候，他走到斯泰因夫人面前，毕恭毕敬地行了个礼，向斯泰因夫人作了自我介绍。随后，他拿出自己觉得最好的几首诗请斯泰因夫人评价。斯泰因夫人接过那几首诗，读了一遍，对他说："小伙子，你这根本不能叫作诗，不过是一些断句的组合而已，从这几篇文字来看，你根本没有写诗的天赋……你不适合写诗，还是早点儿选择一个适合你的职业吧！"

这瓢冷水把小伙子所有的梦想都浇灭了。聚会还没结束，他就失魂落魄地回到了住所，把自己这些年写的所有的诗稿都翻了出来，细细地重新看了好多遍，脑海里一遍遍地回想着斯泰因夫人的话。他纠结了一夜，也思考了一夜，最后冷静地得出结论：斯泰因夫人的话尽管刺耳难听，却说得很正确，自己确实没有诗歌方面的天赋，与其继续在这方面浪费时间和精力，不如果断放弃，重新寻找和规划自己努力的目标。他把诗稿付之一炬，从此放弃了当诗人的梦想。

从那以后，他一边认真地学习文化知识，一边不断思考自己的前途和方向，终于发现自己对绘画的兴趣很大，就开始培养这方面的能力，慢慢地朝着这方面努力。几年以后，他横空出世，成为举世闻名的大画家。他死后，其画作几乎每一幅都超过了亿元的天价！他就是毕加索。

毕加索后来在谈及人生理想时，曾多次谈到当年斯泰因夫人给他浇冷水的事，他深有感触地说："如果当年不是斯泰因夫人给我浇了一瓢冷水，可能现在我还纠结于诗人的梦想，而与绘画艺术失之交臂了。"

一个人在成长过程中，不仅需要别人真诚的鼓励和赞美，也需要别人给你的兜头一瓢冷水！赞美可以鼓励你在正确的方向前进，而一瓢冷水却可以助你及时修正错误或偏差的人生航向，为你的人生拨乱反正。从这个角度看，一瓢冷水比鼓励赞美更加珍贵难得，更加意义重大，也更加值得我们每一个人珍惜！